安徽省建设工程工程量清单计价办法

（园林绿化、仿古建筑工程）

主编部门：安徽省建设工程造价管理总站

批准部门：安徽省住房和城乡建设厅

施行日期：２０１８年１月１日

中国建材工业出版社

图书在版编目（CIP）数据

安徽省建设工程工程量清单计价办法．园林绿化、仿古建筑工程／安徽省建设工程造价管理总站编．--北京：中国建材工业出版社，2018.1（2018.1重印）

（2018 版安徽省建设工程计价依据）

ISBN 978-7-5160-2085-2

Ⅰ．①安… Ⅱ．①安… Ⅲ．①园林—建筑工程—工程造价—安徽 ②仿古建筑—建筑工程—工程造价—安徽 Ⅳ．①TU723.34

中国版本图书馆 CIP 数据核字（2017）第 264848 号

安徽省建设工程工程量清单计价办法（园林绿化、仿古建筑工程）
安徽省建设工程造价管理总站　编

出版发行：中国建材工业出版社
地　　址：北京市海淀区三里河路 1 号
邮　　编：100044
经　　销：全国各地新华书店
印　　刷：北京鑫正大印刷有限公司
开　　本：787mm×1092mm　1/16
印　　张：7.75
字　　数：180 千字
版　　次：2018 年 1 月第 1 版
印　　次：2018 年 1 月第 2 次
定　　价：98.00 元

本社网址：www.jccbs.com　微信公众号：zgjcgycbs
本书如出现印装质量问题，由我社市场营销部负责调换。联系电话：(010) 88386906

安徽省住房和城乡建设厅发布

建标〔2017〕191 号

安徽省住房和城乡建设厅关于发布 2018 版安徽省建设工程计价依据的通知

各市住房城乡建设委（城乡建设委、城乡规划建设委），广德、宿松县住房城乡建设委（局），省直有关单位：

为适应安徽省建筑市场发展需要，规范建设工程造价计价行为，合理确定工程造价，根据国家有关规范、标准，结合我省实际，我厅组织编制了 2018 版安徽省建设工程计价依据（以下简称 2018 版计价依据），现予以发布，并将有关事项通知如下：

一、2018 版计价依据包括：《安徽省建设工程工程量清单计价办法》《安徽省建设工程费用定额》《安徽省建设工程施工机械台班费用编制规则》《安徽省建设工程计价定额（共用册）》《安徽省建筑工程计价定额》《安徽省装饰装修工程计价定额》《安徽省安装工程计价定额》《安徽省市政工程计价定额》《安徽省园林绿化工程计价定额》《安徽省仿古建筑工程计价定额》。

二、2018 版计价依据自 2018 年 1 月 1 日起施行。凡 2018 年 1 月 1 日前已签订施工合同的工程，其计价依据仍按原合同执行。

三、原省建设厅建定〔2005〕101 号、建定〔2005〕102 号、建定〔2008〕259 号文件发布的计价依据，自 2018 年 1 月 1 日起同时废止。

四、2018 版计价依据由安徽省建设工程造价管理总站负责管理与解释。在执行过程中，如有问题和意见，请及时向安徽省建设工程造价管理总站反馈。

安徽省住房和城乡建设厅

2017 年 9 月 26 日

编制委员会

目　　录

建设工程工程量清单计价办法

一　总　　则

1. 为规范我省建设工程工程量清单计价行为，统一建设工程工程量清单计价文件的编制原则和计价方法，根据国家标准《建设工程工程量清单计价规范》及其有关工程量计算规范、《建筑工程施工发包与承包计价管理办法》、《安徽省建设工程造价管理条例》等法律法规及有关规定，结合本省实际情况，制定本办法。

2. 本办法适用于本省行政区域内新建、扩建、改建等建设工程发承包及实施阶段的工程量清单计价活动。

3. 本办法所称的建设工程包括：建筑工程、装饰装修工程、安装工程、市政工程、园林绿化工程、仿古建筑工程等。

4. 本办法是我省建设工程计价依据的组成部分，建设工程工程量清单计价活动，除应遵守本办法外，还应符合国家、本省现行有关法律法规和标准的规定。

二　建设工程造价费用构成

建设工程造价由分部分项工程费、措施项目费、不可竞争费、其他项目费和税金构成。

一、分部分项工程费

分部分项工程费是指各专业工程的分部分项工程应予列出的各项费用，人工费、材料费、机械费和综合费构成。

1. 人工费：是指支付给从事建设工程施工的生产工人和附属生产单位工人的各项费用。包括：工资、奖金、津贴补贴、职工福利费、劳动保护费、社会保险费、住房公积金、工会经费和职工教育经费。

（1）工资：指按计时工资标准和工作时间支付给个人的劳动报酬，或对已做工作按计件单价支付的劳动报酬。

（2）奖金：是指对超额劳动和增收节支支付给个人的劳动报酬。

（3）津贴补贴：是指为了补偿职工特殊或额外的劳动消耗和因其他特殊原因支付给个人的津贴，以及为了保证职工工资水平不受物价影响支付给个人的物价补贴。

（4）职工福利费：是指企业按工资一定比例提取出来的专门用于职工医疗、补助以及其他福利事业的经费。包括发放给职工或为职工支付的各项现金补贴和非货币性集体福利。

（5）劳动保护费：是企业按规定发放的劳动保护用品的支出。如工作服、手套、防暑降温饮料以及在有碍身体健康的环境中施工的保健费用等。

1

（6）社会保险费：在社会保险基金的筹集过程当中，职工和企业（用人单位）按照规定的数额和期限向社会保险管理机构缴纳费用，它是社会保险基金的最主要来源。包括养老保险费、医疗保险费、失业保险费、工伤保险费、生育保险费。

① 养老保险费：是指企业按照规定标准为职工缴纳的基本养老保险费。

② 医疗保险费：是指企业按照规定标准为职工缴纳的基本医疗保险费。

③ 失业保险费：是指企业按照规定标准为职工缴纳的失业保险费。

④ 工伤保险费：是指企业按照规定标准为职工缴纳的工伤保险费。

⑤ 生育保险费：是指企业按照规定标准为职工缴纳的生育保险费。

（7）住房公积金：是指企业按规定标准为职工缴纳的住房公积金。

（8）工会经费：是指企业按《工会法》规定的全部职工工资总额比例计提的工会经费。

（9）职工教育经费：是指按职工工资总额的规定比例计提，企业为职工进行专业技术和职业技能培训，专业技术人员继续教育、职工职业技能鉴定、职业资格认定、农民工现场安全和素质教育，以及根据需要对职工进行各类文化教育所发生的费用。

2. 材料费：是指施工过程中耗费的原材料、辅助材料、构配件、零件、半成品或成品、工程设备的费用。内容包括：

（1）材料原价：是指材料、工程设备的出厂价格或商家供应价格。

（2）运杂费：是指材料、工程设备自来源地运至工地仓库或指定堆放地点所发生的全部费用。

（3）运输损耗费：是指材料在运输装卸过程中不可避免的损耗。

（4）采购及保管费：是指为组织采购、供应和保管材料、工程设备的过程中所需要的各项费用。包括采购费、仓储费、工地保管费、仓储损耗。

3. 机械费：是指施工作业所发生的施工机械、仪器仪表使用费或其租赁费。

（1）施工机械使用费：以施工机械台班消耗量乘以施工机械台班单价表示，施工机械台班单价应由下列七项费用组成：

① 折旧费：是指施工机械在规定的耐用总台班内，陆续收回其原值的费用。

② 检修费：是指施工机械在规定的耐用总台班内，按规定的检修间隔进行必要的检修，以恢复其正常功能所需的费用。

③ 维护费：是指施工机械在规定的耐用总台班内，按规定的维护间隔进行各级维护和临时故障排除所需的费用。保障机械正常运转所需替换设备与随机配备工具附具的摊销费用、机械运转及日常维护所需润滑与擦拭的材料费用及机械停滞期间的维护费用等。

④ 安拆费及场外运费：安拆费是指施工机械在现场进行安装与拆卸所需的人工、材料、机械和试转费用以及机械辅助设施的折旧、搭设、拆除等费用；场外运费是指施工机械整体或分体自停放地点运至施工现场或由一施工地点运至另一施工地点的运输、装卸、辅助材料等费用。

⑤ 人工费：是指施工机械机上司机（司炉）和其他操作人员的人工费。

⑥ 燃料动力费：是指施工机械在运转作业中所消耗的各种燃料及水、电等费用。

⑦ 其他费用：是指施工机械按照国家规定应缴纳的车船税、保险费及检测费等。

（2）仪器仪表使用费：是指工程施工所需使用的仪器仪表的摊销及维修费用。

4. 综合费

综合费是由企业管理费、利润构成。

（1）企业管理费：是指建设工程施工企业组织施工生产和经营管理所需的费用，内容包括：

① 管理人员工资：是指按规定支付给管理人员的工资、奖金、津贴补贴、职工福利费、劳动保护费、社会保险费、住房公积金、工会经费和职工教育经费。

② 办公费：是指企业管理办公用的文具、纸张、账表、印刷、邮电、书报、办公软件、现场监控、会议、水电、烧水和集体取暖降温（包括现场临时宿舍取暖降温）等费用。

③ 差旅交通费：是指职工因公出差、调动工作的差旅费、住勤补助费，市内交通费和误餐补助费，职工探亲路费，劳动力招募费，职工退休、退职一次性路费，工伤人员就医路费，工地转移费以及管理部门使用的交通工具的油料、燃料等费用。

④ 固定资产使用费：是指管理和试验部门及附属生产单位使用的属于固定资产的房屋、设备、仪器等的折旧、大修、维修或租赁费。

⑤ 工具用具使用费：是指企业施工生产和管理使用的不属于固定资产的工具、器具、家具、交通工具和检验、试验、测绘、消防用具等的购置、维修和摊销费。

⑥ 福利费：是指企业按工资一定比例提取出来的专门用于职工医疗、补助以及其他福利事业的经费。包括发放给管理人员或为管理人员支付的各项现金补贴和非货币性集体福利。

⑦ 检验试验费：是指施工企业按照有关标准规定，对建筑以及材料、构件和建筑安装物进行一般鉴定、检查所发生的费用，包括自设试验室进行试验所耗用的材料等费用。不包括新结构、新材料的试验费，对构件做破坏性试验及其他特殊要求检验试验的费用和建设单位委托检测机构进行检测的费用，对此类检测发生的费用，由建设单位在工程建设其他费用中列支。但对施工企业提供的具有合格证明的材料进行检测不合格的，该检测费用由施工企业支付。

⑧ 财产保险费：是指施工管理用财产、车辆等的保险费用。

⑨ 财务费：是指企业为施工生产筹集资金或提供预付款担保、履约担保、职工工资支付担保等所发生的各种费用。

⑩ 税金：是指企业按规定缴纳的房产税、车船使用税、土地使用税、印花税、城市维护建设税、教育费附加、地方教育附加以及水利建设基金等。

⑪ 其他：包括技术转让费、技术开发费、投标费、业务招待费、绿化费、广告费、公证费、法律顾问费、审计费、咨询费、其他保险费等。

（2）利润：是指施工企业完成所承包工程获得的盈利。

二、措施项目费

措施项目费是指为完成建设工程施工，发生于该工程施工前和施工过程中的技术、生活、安全等方面的费用。主要由下列费用构成：

1. 夜间施工增加费：是指正常作业因夜间施工所发生的夜班补助费、夜间施工降效、夜间施工照明设施、交通标志、安全标牌、警示灯等移动和安拆费用。

2. 二次搬运费：是指因施工场地条件限制而发生的材料、成品、半成品等一次运输不能到达堆放地点，必须进行二次或多次搬运所发生的费用。

3. 冬雨季施工增加费：是指在冬季或雨季施工需增加的临时设施搭拆、施工现场的防滑处理、雨雪清除、对砌体、混凝土等保温养护，人工及施工机械效率降低等费用。不包括设计要求混凝土内添加防冻剂的费用。

4. 已完工程及设备保护费：是指竣工验收前，对已完工程及设备采取的覆盖、包裹、封闭、隔离等必要保护措施所发生的费用。

5. 工程定位复测费：是指工程施工过程中进行全部施工测量放线和复测工作的费用。

6. 临时保护设施费：是指在工程施工过程中，对已建成的地上、地下设施和建筑物进行的遮盖、封闭、隔离等必要保护措施所发生的费用。

7. 赶工措施费：建设单位要求施工工期少于我省现行定额工期20％时，施工企业为满足工期要求，采取相应措施而发生的费用。

8. 其他措施项目费：是指根据各专业特点、地区和工程特点所需要的措施费用。

三、不可竞争费

不可竞争费是指不能采用竞争的方式支出的费用，由安全文明施工费和工程排污费构成，安全文明施工费中包含扬尘污染防治费。编制与审核建设工程造价时，其费率应按定额规定费率计取，不得调整。

（一）安全文明施工费：由环境保护费、文明施工费、安全施工费和临时设施费构成。

1. 环境保护费：是指施工现场为达到环保部门要求所需要的各项费用。

2. 文明施工费：是指施工现场文明施工所需要的各项费用。

3. 安全施工费：是指施工现场安全施工所需要的各项费用。

4. 临时设施费：是指施工企业为进行建设工程施工所必须搭设的生活和生产用的临时建筑物、构筑物和其他临时设施费用。包括临时设施的搭设、维修、拆除、清理费或摊销费等。

（二）工程排污费：是指按规定缴纳的施工现场工程排污费。

其他应列入而未列的不可竞争费，按实际发生计取。

四、其他项目费

1. 暂列金额：是指建设单位在工程量清单或施工承包合同中暂定并包括在工程合同价款中的一笔款项。用于施工合同签订时尚未确定或者不可预见的所需材料、工程设备、服务的采购，施工中可能发生的工程变更、合同约定调整因素出现时的工程价款调整以及发生的索赔、现场签证确认等的费用。

2. 专业工程暂估价：是指建设单位在工程量清单中提供的用于支付必然发生但暂时不能确定价格的专业工程的金额。

3. 计日工：是指在施工过程中，施工企业完成建设单位提出的施工图以外的零星项目或工作所需的费用。

4. 总承包服务费：是指总承包人为配合、协调建设单位进行的专业工程发包，对建设单位自行采购的材料、工程设备等进行保管以及施工现场管理、竣工资料汇总整理等服务所需的费用。

五、税金

税金是指国家税法规定的应计入建设工程造价内的增值税。

三 工程量清单计价规定

1. 建设工程工程量清单计价活动应遵循公开、公正、客观和诚实信用的原则。

2. 招标工程量清单、最高投标限价、投标报价、工程计量、合同价款调整、合同价款结算与支付、竣工结算与支付以及工程造价鉴定等工程造价文件的编制与审核，应由具有专业资格的工程造价专业人员承担。

3. 承担工程造价文件编制与审核的工程造价专业人员及其所在单位，应对其工程造价文件的质量负责。

4. 采用工程量清单计价方式招标的建设工程，招标人应当按规定编制并公布最高投标限价。公布的最高投标限价，应当包括总价、各单位工程分部分项工程费、措施项目费、其他项目费、不可竞争性费用和税金。

4. 投标报价低于工程成本或高于最高投标限价的，评标委员会应当否决投标人的投标。

5. 分部分项工程项目清单编制与审核应符合下列要求：

5.1 项目编码，应采用十二位阿拉伯数字表示，一至九位应按本办法"清单项目计价指引"中的项目编码设置。十至十二位应根据拟建工程的工程量清单项目名称和项目特征设置，自001起按顺序编制，同一招标工程的项目编码不得有重码。

5.2 项目名称应按本办法"清单项目计价指引"中的相应结合拟建工程实际，名称填写。

5.3 分部分项工程量清单的项目特征按本办法"清单项目计价指引"中规定的项目特征，结合拟建工程项目实际予以描述。

5.4 计量单位应按本办法"清单项目计价指引"中相应项目的计量单位确定。

5.5 工程数量应按本办法"清单项目计价指引"中相应项目工程量计算规则，结合拟建工程实际进行计算。工程数量的有效数应遵守以下规定：以"吨"为单位，应保留小数点后三位数字，第四位四舍五入；以"立方米"、"平方米"、"米"、"公斤"为单位，应保留小数后两位数字，第三位四舍五入；以"个"、"组"、"套"、"块"、"樘"、"项"等为单位，应取整数。

6. 措施项目清单应结合拟建工程的实际情况和常规的施工方案进行列项，并依据省建设工程费用定额的规定进行编制。遇省建设工程费用定额缺项的措施项目，工程量清单编制人应根据拟建工程的实际情况进行补充，补充的措施项目，应填写在相应措施项目清单最后。

7. 暂列金额、暂估价的累计金额分别不得超过最高投标限价的10%。

8. 计日工的暂定数量应按拟建工程情况进行估算。

9. 总承包服务费应根据拟建工程情况和招标要求列出服务项目及其内容，并根据省建设工程费用定额的规定进行估算。

10. 编制招标工程量清单时，遇到本办法"清单项目计价指引"中清单项目缺项的，由编制人根据工程实际情况进行补充，并描述该项目的工作内容、项目特征、计量单位及相应的工程量计算规则等。

11. 补充的清单项目编码应以"ZB"开头，后续编码按本办法相应清单的项目编码规则进行编列。

12. 工程量清单计价文件，应采用本办法规定的统一格式。

四　工程成本的评审

1. 对于投标报价是否低于工程成本的异议，评标委员会可以参照本办法进行评审。

2. 报标报价出现下列情形之一的，由评标委员会重点评审后界定其报价是否低于工程成本：

（1）投标报价低于同一工程有效投标报价平均值10%以上；

（2）因投标人原因造成投标报价清单项目缺漏，缺漏项总额（多算或多报总额不得抵消缺漏项目总额）累计占同一工程有效投标报价平均值5%以上；

（3）人工工日单价低于工程所在地政府发布的最低工资标准折算的工日单价；

（4）需评审的主要材料消耗量低于最高投标限价相应主要材料消耗量5%以上，且低于同一工程有效投标报价中相应材料消耗量平均值3%以上；

（5）施工机具使用费低于同一工程有效投标报价施工机具使用费平均值的10%以上；

（6）材料、设备暂估价未按要求计入分部分项工程费；

（7）管理费、利润投标费率低于0%；

（8）投标报价中的不可竞争费的费率，低于省建设工程费用定额规定的费率；

（9）投标报价中税金的费率，低于省建设工程费用定额规定的费率。

3. 工程成本评审应在开标时进行投标报价清标后进行。

五　工程量清单计价文件格式

1. 工程量清单计价文件应按本办法规定的统一的格式和内容进行填写，不得随意删除或涂改，填写的单价或合价不能空缺。

2. 工程量清单计价文件应由下列内容组成：

2.1　工程计价文件封面

2.2　工程计价文件扉页

2.3　工程计价总说明

2.4　工程计价汇总表

2.5　分部分项工程计价表

2.6　措施项目清单与计价表

2.7　不可竞争项目清单与计价表

2.8　其他项目清单与计价表

2.9　税金计价表

2.10　主要材料、工程设备一览表

3. 工程计价总说明应按下列要求填写：

3.1 工程量清单总说明的内容应包括：工程概况、工程发包及分包范围、工程量清单编制依据、使用材料（工程设备）的要求、对施工的特殊要求和其他需要说明的问题等。

3.2 最高投标限价总说明的内容应包括：采用的计价依据、采用的价格信息来源及其他需要说明的有关内容等。

4. 工程量清单计价文件统一格式：见附录 A～J。

六 工程量清单计价指引

1. 本工程量清单计价指引主要包括：建筑、装饰装修、安装、市政、园林绿化和仿古建筑六个专业工程的分部分项清单项目计价指引。

2. 分部分项清单项目计价指引是将国家标准《建设工程工程量清单计价规范》、"建设工程工程量清单计算规范"与我省编制的"建设工程计价定额"有机结合，是编制最高投标限价的依据，是企业投标报价的参考。

3. 分部分项清单项目计价指引内容包括：项目编码、项目名称、项目特征、计量单位、工程量计算规则和计价定额指引。

4. 分部分项清单项目与指引的计价定额子目原则上为一一对应关系，且计算规则相同。

5. 计价指引中分部分项清单项目编码以"WB"起始的，是我省自行补充项目。

6. 建筑及装饰装修、安装、市政、园林绿化和仿古建筑工程计价指引分部清单项目主要包括：

6.1 建筑及装饰装修工程：土石方工程；地基处理与边坡支护工程；桩基工程；砌筑工程；混凝土及钢筋混凝土工程；金属结构工程；木结构工程；门窗工程；屋面及防水工程；保温、隔热、防腐工程；楼地面装饰工程；墙柱面装饰与隔断、幕墙工程；天棚工程；油漆、涂料、裱糊工程；其他装饰工程；拆除工程；脚手架工程；混凝土模板及支架（撑）；垂直运输；超高施工增加；施工排水、降水；构筑物工程。

6.3 安装工程：C.1机械设备安装工程；C.2热力设备安装工程；C.3静置设备与工艺金属结构制作安装工程；C.4电气设备安装工程；C.5建筑智能化工程；C.6自动化控制仪表安装工程；C.7通风空调工程；C.8工业管道工程；C.9消防工程；C.10给排水、采暖、燃气工程；C.11刷油、防腐蚀、绝热工程。

6.4 市政工程：土石方工程；道路工程；桥涵工程；隧道工程；管网工程；水处理工程；垃圾处理工程；其他项目。

6.5 园林绿化工程：绿化工程；园路、园桥工程；园林景观工程；其他项目。

6.6 仿古建筑工程：砖作工程；石作工程；混凝土及钢筋混凝土工程；木作工程；屋面工程；地面工程；油漆彩画工程；其他项目；徽派做法。

7. 分部分项清单项目计价指引具体内容见：建筑装饰工程清单计价指引、安装工程清单计价指引、市政工程清单计价指引、园林绿化工程清单计价指引、仿古建筑工程清单计价指引。

附录 A　工程计价文件封面

A.1　招标工程量清单封面

_____工程

招标工程量清单

招　标　人：_____

（单位盖章）

造价咨询人：_____

（单位盖章）

年　　月　　日

A.2 最高投标限价封面

_____工程

最高投标限价

招 标 人：_____

（单位盖章）

造价咨询人：_____

（单位盖章）

年　　月　　日

A. 3　投标总价封面

　　_____工程

投　标　总　价

投　标　人：_____

（单位盖章）

年　　月　　日

10

A.4 竣工结算封面

_____工程

竣　工　结　算

发 包 人：_____

（单位盖章）

承 包 人：_____

（单位盖章）

造价咨询人：_____

（单位盖章）

年　　月　　日

附录 B 工程计价文件扉页

B.1 招标工程量清单扉页

_____工程

招标工程量清单

招 标 人：＿＿＿＿＿＿＿＿＿　　　　造价咨询人：＿＿＿＿＿＿＿＿＿
　　　　（单位盖章）　　　　　　　　　　　　　（单位资质专用章）

法定代表人　　　　　　　　　　　　　法定代表人
或其授权人：＿＿＿＿＿＿＿＿＿　　或其授权人：＿＿＿＿＿＿＿＿＿
　　　　（签字或盖章）　　　　　　　　　　　（签字或盖章）

编 制 人：＿＿＿＿＿＿＿＿＿　　　复 核 人：＿＿＿＿＿＿＿＿＿
（造价人员签字盖专用章）　　　　　（造价工程师签字盖专用章）

编制时间：　年 月 日　　　　　　复核时间：　年 月 日

B.2 最高投标限价扉页

_____工程

最 高 投 标 限 价

最高投标限价(小写)：_____

　　　　　(大写)：_____

招　标　人：_____　　　造价咨询人：_____
　　　　　(单位盖章)　　　　　　　　　　　　(单位资质专用章)

法定代表人　　　　　　　　　　　　法定代表人
或其授权人：_____　　　或其授权人：_____
　　　　　(签字或盖章)　　　　　　　　　　　　(签字或盖章)

编　制　人：_____　　　复　核　人：_____
(造价人员签字盖专用章)　　　　　　(造价工程师签字盖专用章)

编制时间：　年　月　日　　　　复核时间：　年　月　日

B. 3 投标总价扉页

投 标 总 价

招 标 人： _____

工 程 名 称： _____

投标总价(小写)： _____

（大写）： _____

投 标 人： _____

（单位盖章）

法定代表人
或其授权人： _____

（签字或盖章）

编 制 人： _____

（造价人员签字盖专用章）

时间： 年 月 日

B. 4 竣工结算总价扉页

_____工程

竦 工 结 算 总 价

施工合同价（小写）：_____

（大写）：_____

竣工结算价（小写）：_____

（大写）：_____

发 包 人：_____
（单位盖章）

承 包 人：_____
（单位盖章）

造价咨询人：_____
（单位资质专用章）

法定代表人
或其授权人：_____
（签字或盖章）

法定代表人
或其授权人：_____
（签字或盖章）

法定代表人
或其授权人：_____
（签字或盖章）

编 制 人：_____
（造价人员签字盖专用章）

复 核 人：_____
（造价工程师签字盖专用章）

编制时间： 年 月 日　　核对时间： 年 月 日

附录 C　工程计价总说明

总　说　明

工程名称：第　页共　页

附录 D 工程计价汇总表

D.1 建设项目最高投标限价/投标报价汇总表

工程名称：

序号	单项工程名称	金额（元）	其中：（元）	
			暂估价	不可竞争费
	合计			

说明：本表适用于建设项目最高投标限价或投标报价的汇总。暂估价包括分部分项工程中的材料、设备暂估价和专业工程暂估价。

D.2 单项工程最高投标限价/投标报价汇总表

工程名称：

序号	单位工程名称	金额（元）	其中：（元）	
			暂估价	不可竞争费
	合计			

说明：本表适用于单项工程最高投标限价或投标报价的汇总。暂估价包括分部分项工程中的材料、设备暂估价和专业工程暂估价。

D.3 单位工程最高投标限价/投标报价汇总表

工程名称：　　　　　　　　　　标段：　　　　　　　　　　第　　页共　　页

序号	汇总内容	金额（元）	其中：材料、设备暂估价（元）
1	分部分项工程费		
2	措施项目费		
3	不可竞争费		
3.1	安全文明施工费		
3.2	工程排污费		
4	其他项目费		
4.1	暂列金额		
4.2	专业工程暂估价		
4.3	计日工		
4.4	总承包服务费		
5	税金		
工程造价＝1＋2＋3＋4＋5			

说明：本表适用于单位工程最高投标限价或投标报价的汇总，如无单位工程划分，单项工程也使用本汇总表。

19

D.4 建设项目竣工结算汇总表

工程名称：

序号	单项工程名称	金额（元）	其　中（元）
			不可竞争费
	合　计		

D.5 单项工程竣工结算汇总表

工程名称：

序号	单位工程名称	金额（元）	其 中（元）
			不可竞争费
	合 计		

D.6 单位工程竣工结算汇总表

工程名称：　　　　　　　　　　标段：　　　　　　　　　　第　页共　页

序号	汇总内容	结算金额（元）
1	分部分项工程费	
2	措施项目费	
3	不可竞争费	
3.1	安全文明施工费	
3.2	工程排污费	
4	其他项目费	
4.1	专业工程结算价	
4.2	计日工	
4.3	总承包服务费	
4.4	索赔与现场签证	
5	税金	
竣工结算造价＝1＋2＋3＋4＋5		

说明：本表适用于单位工程竣工结算价的汇总，如无单位工程划分，单项工程也使用本汇总表。

附录 E 分部分项工程计价表

E.1 分部分项工程量清单计价表

工程名称：　　　　　　　　　　　　　标段：　　　　　　　　　　第　页共　页

序号	项目编码	项目名称	项目特征描述	计量单位	工程量	金额（元）				
						综合单价	合价	其中		
								定额人工费	定额机械费	暂估价

E. 2 分部分项工程量清单综合单价分析表

工程名称： 标段： 第 页共 页

项目编码		项目名称		计量单位		工程量	

清单综合单价组成明细											
定额编码	定额项目名称	定额单位	数量	单价				合价			
				人工费	材料费	机械费	综合费	人工费	材料费	机械费	综合费

人工单价		小计	
（ ）元/工日		未计价材料费	

清单项目综合单价	

材料费明细	主要材料名称、规格、型号	单位	数量	单价（元）	合价（元）	暂估单价（元）	暂估合价（元）
	其他材料费			—		—	
	材料费小计			—		—	

E.3 综合单价调整表

工程名称：　　　　　　　　　　　　标段：　　　　　　　　　　第　页共　页

序号	项目编码	项目名称	已标价清单综合单价（元）					调整后综合单价（元）				
			综合单价	其中				综合单价	其中			
				人工费	材料费	机械费	综合费		人工费	材料费	机械费	综合费

造价工程师（签章）：　发包人代表（签章）：　　　造价人员（签章）：　承包人代表（签章）：

　　　　　　　　　　　　　日期：　　　　　　　　　　　　　　　日期：

说明：综合单价调整表应附调整依据。

附录 F 措施项目清单与计价表

工程名称：　　　　　　　　　　　标段：　　　　　　　　第　页共　页

序号	项目编码	项目名称	计算基础	费率（％）	金额（元）
1		夜间施工增加费			
2		二次搬运费			
3		冬雨季施工增加费			
4		已完工程及设备保护费			
5		工程定位复测费			
6		临时保护设施费			
7		赶工措施费			
8		其他措施项目费			
10					
11					
12					
		合计			

附录 G   不可竞争项目清单与计价表

序号	项目编码	项目名称	计算基础	费率（%）	金额（元）
1		环境保护费			
2		文明施工费			
3		安全施工费			
4		临时设施费			
5		工程排污费			
6					
7					
8					
10					
11					
12					
合 计					

附录 H 其他项目清单与计价表

H.1 其他项目清单与计价汇总表

工程名称： 标段： 第 页共 页

序号	项目名称	金额（元）
1	暂列金额	
2	专业工程暂估价	
3	计日工	
4	总承包服务费	
合 计		

H.2 暂列金额明细表

序号	项目名称	计量单位	暂定金额（元）	备注
合　计				—

说明：此表由招标人填写，如不能详列，也可只列暂定金额总额，投款人应将上述暂列金额计入投标总价中。

H.3 专业工程暂估价计价表

序号	工程名称	工程内容	金额（元）	备注
合　计				

说明：此表中"金额"由招标人填写。投标时，投标人应按招标人所列金额计入投标总价中。结算时按合同约定结算金额填写。

H.4 计日工表

工程名称：　　　　　　　　　　标段：　　　　　　　　　第　页共　页

编码	项目名称	单位	数量	综合单价	合价（元）
一	人工				
1					
2					
3					
4					
	人工费小计				
二	材料				
1					
2					
3					
4					
5					
6					
	材料费小计				
三	施工机械				
1					
2					
3					
4					
	施工机械费小计				
	合　计				

说明：此表项目名称、数量由招标人填写，编制最高投标限价时，综合单价由招标人按有关计价规定确定；投标时，综合单价由投标人自主报价，按招标人所列数量计算合价计入投标总价中。结算时，按发承包双方确认的实际数量计算。

H.5 总承包服务费计价表

工程名称：　　　　　　　　　　　　　　　标段：　　　　　　　　　　　　　第　页共　页

序号	工程名称	项目价值（元）	服务内容	费率（%）	金额（元）
1	发包人发包专业工程				
2	发包人供应材料				
	合　计				

说明：此表项目名称、服务内容由招标人填写，编制最高投标限价时，费率及金额由招标人按有关规定确定；投标时，费率及金额由投标人自主报价，计入投标总价中。

附录 I 税金计价表

序号	项目名称	计算基础	计算基数	费率（%）	金额（元）
1	增值税	分部分项工程费＋措施项目费＋不可竞争费＋其他项目费			
		合计			

附录 J 主要材料、工程设备一览表

J.1 材料（工程设备）暂估单价一览表

工程名称：　　　　　　　　　　　　标段：　　　　　　　　　　第　页共　页

序号	材料（工程设备）名称、规格、型号	计量单位	数量	单价（元）

说明：此表由招标人填写，投标人应将上述材料（工程设备）暂估单价计入工程量清单综合单价报价中。

J.2 发包人提供材料（工程设备）一览表

工程名称：　　　　　　　　　　　标段：　　　　　　　　第　　页共　　页

序号	材料（工程设备）名称、规格、型号	计量单位	数量	单价（元）	合价（元）	备注

说明：此表由招标人填写，供投标人在投标报价、确定总承包服务费时参考。

J.3 承包人提供材料（工程设备）一览表

工程名称：　　　　　　　　　　　　　　标段：　　　　　　　　　　　　　第　　页共　　页

序号	材料（工程设备）名称、规格、型号	计量单位	数量	风险系数（%）	基准单价	投标单价	备注

说明：1. 此表由投标人在投标时自主确定投标单价，其他内容由招标人填写。

2. 招标人应优先采用工程造价管理机构发布的单价作为基准单价，未发布的，通过市场调查确定其基准单价。

园林绿化工程

附录 A 绿化工程

A.1 绿地整理（编码：050101）

项目编码	项目名称	项目特征	计量单位	工程量计算规则	定额指引
050101001	砍伐乔木	树干直径（离地面20mm处）	株	按数量计算	Y1-1-1～Y1-1-6
050101002	挖树根（蔸）	树干直径（离地面20mm处）	株		Y1-1-7～Y1-1-12
050101003	砍挖灌木丛及根	丛高或根盘直径	丛		Y1-1-13～Y1-1-16 Y1-1-19～Y1-1-23
050101004	砍挖竹及根，散生竹	胸径	株		Y1-1-24～Y1-1-28
050101005	砍挖芦苇及根	根盘丛径	m²	按面积计算	Y1-1-35
050101006	清除草皮	草皮种类			Y1-1-36
050101009	种植土回（换）填	1. 回填土质要求 2. 取土运距 3. 回填厚度 4. 弃土运距	m³	按设计图示回填面积乘以回填厚度以体积计算	Y1-1-45
050101010	整理绿化用地	1. 回填土质要求 2. 取土运距 3. 回填厚度 4. 找平找坡要求 5. 弃渣运距	m²	按设计图示尺寸以面积计算	Y1-1-43
050101011	绿地起坡造型	1. 回填土质要求 2. 取土运距 3. 起坡高度		按设计图示尺寸以体积计算	Y1-1-47～Y1-1-52
WB050101013	砍挖灌木林	密度		按面积计算	Y1-1-17～Y1-1-18
WB050101014	砍挖竹及根，丛生竹	根盘丛径	丛	按数量计算	Y1-1-29～Y1-1-34
WB050101015	清除绿篱、露地花卉	植物种类	m²	按面积计算	Y1-1-37～Y1-1-42
WB050101016	垃圾深埋	1. 土质类别 2. 埋深	m³	以垃圾土和好土的全部土方总量计算垃圾深埋子目的工程量	Y1-1-44

项目编码	项目名称	项目特征	计量单位	工程量计算规则	定额指引
WB050101017	地形改造（机械造坡）	1. 回填土质要求 2. 取土运距 3. 回填厚度 4. 找平找坡要求	m²	按设计图示尺寸以面积计算	Y1-1-46
WB050101018	人工抽槽、换土	1. 土壤类别 2. 回填土质要求 3. 取土运距 4. 回填土厚 5. 弃渣运距	m³	按设计图示尺寸以体积计算	Y1-1-53～Y1-1-54
WB050101019	人工换土乔、灌木	1. 苗木土球直径 2. 回填土质要求 3. 取土运距 4. 弃渣运距			Y1-1-55～Y1-1-69
WB050101020	人工换土裸根乔木	1. 乔木胸径 2. 回填土质要求 3. 取土运距 4. 弃渣运距	株	按数量计算	Y1-1-70～Y1-1-83
WB050101021	人工换土裸根灌木	1. 灌木冠丛高 2. 回填土质要求 3. 取土运距 4. 弃渣运距			Y1-1-84～Y1-1-87
WB050101022	铺设草坪基层	1. 基层材料种类 2. 材料配比	m²	按铺设面积计算	Y1-2-193～Y1-1-199
WB050101023	屋顶花园基底处理，滤水层	1. 滤水层材质 2. 滤水层厚度	m³	按设计图示尺寸以体积计算	Y1-1-88～Y1-1-89
WB050101024	屋顶花园基底处理，土工布过滤层	土工布种类、规格	m²	按设计图示尺寸以面积计算	Y1-1-90
WB050101025	屋顶花园基底处理，透水管	透水管材质、管径	m	按设计图示尺寸以长度计算	Y1-1-91～Y1-1-95
WB050101026	屋顶花园基底处理，蓄排水板	蓄排水板材质、规格	m²	按设计图示尺寸以面积计算	Y1-1-96
WB050101027	屋顶花园基底处理，回填轻质土壤	轻质土种类、等级	m³	按设计图示尺寸以体积计算	Y1-1-97

注：整理绿化用地项目包含300mm以内回填土，厚度300mm以上回填土，回填厚度在300～1500mm之间，按绿地起坡造型列项，其他情况应按相应专业工程工程量计算规范相应项目编码列项。

A.2 栽植花木（编码：050102）

项目编码	项目名称	项目特征	计量单位	工程量计算规则	定额指引
050102001	栽植乔木	1. 种类 2. 胸径 3. 株高、冠径 4. 起挖方式 5. 养护期			Y1-2-74～Y1-2-102
050102002	栽植灌木	1. 种类 2. 地径 3. 冠丛高 4. 蓬径 5. 起挖方式 6. 养护期	株	按设计图示数量计算	Y1-2-103～Y1-2-117
050102003	栽植竹类，散生竹	1. 竹种类 2. 竹胸径 3. 养护期			Y1-2-123～Y1-2-127
050102004	栽植棕榈类	1. 种类 2. 株高、地径 3. 养护期			Y1-2-118～Y1-2-122
050102005	栽植绿篱	1. 种类 2. 篱高 3. 行数、蓬径 4. 养护期	m	按设计图示长度以延长米计算	Y1-2-136～Y1-2-147
050102006	栽植攀缘植物	1. 种类 2. 地径 3. 养护期	株	按设计图示数量计算	Y1-2-189～Y1-2-192
050102007	栽植色带	1. 苗木、花卉种类 2. 株高或蓬径 3. 单位面积株数 4. 养护期	m²	按设计图示尺寸以面积计算	Y1-2-148～Y1-2-159
050102008	栽植花卉	1. 花卉种类 2. 株高或蓬径 3. 养护期	株	按设计图示数量计算	Y1-2-164～Y1-2-166

项目编码	项目名称	项目特征	计量单位	工程量计算规则	定额指引
050102009	栽植水生植物	1. 植物种类 2. 水深 3. 根盘直径或芽数/株 4. 单位面积株数 5. 养护期	株	按设计图示数量计算	Y1-2-168～Y1-2-169 Y1-2-171～Y1-2-185
050102011	花卉立体布置	1. 草本花卉种类 2. 高度或蓬径 3. 单位面积株数 4. 种植形式 5. 养护期	m²	按设计图示尺寸以面积计算	Y1-2-160～Y1-2-163
050102012	铺种草皮	1. 草皮种类 2. 铺种方式 3. 养护期			Y1-2-202～Y1-2-205
050102013	喷播植草（灌木）籽	1. 基层材料种类规格 2. 草（灌木）籽种类 3. 养护期	m²	按设计图示尺寸以面积计算	Y1-2-206～Y-1-211
050102014	植草砖内植草	1. 草坪种类 2. 养护期			Y1-2-201
WB050102017	栽植竹类，丛生竹	1. 竹种类 2. 根盘丛径或每丛株数 3. 养护期	丛	按设计图示数量计算	Y1-2-128～Y1-2-135
WB050102018	栽植地被植物	1. 种类 2. 养护期	m²	按设计图示尺寸以面积计算	Y1-2-167
WB050102019	栽植水生植物	1. 植物种类 2. 株高或蓬径 3. 养护期	丛	以丛计量，按设计图示数量计算	Y1-2-170
WB050102020	栽植水生植物	1. 植物种类 2. 株高或蓬径或芽数/株 3. 种植覆盖率 4. 养护期	m²	按设计图示尺寸以面积计算	Y1-2-186～Y1-2-188
WB050102021	盆花摆放	花盆规格	盆	按设计图示数量计算	Y1-2-212～Y1-2-221

项目编码	项目名称	项目特征	计量单位	工程量计算规则	定额指引
WB050102022	起挖乔木	1. 乔木种类 2. 乔木胸径 3. 起挖方式	株	按设计图示数量计算	Y1-2-1～Y1-2-29
WB050102023	起挖竹类，散生竹	1. 竹种类 2. 竹胸径			Y1-2-45～Y1-2-49
WB050102024	起挖竹类，丛生竹	1. 竹种类 2. 根盘丛径	丛		Y1-2-50～Y1-2-55
WB050102025	起挖棕榈类	1. 种类 2. 地径			Y1-2-69～Y1-2-73
WB050102026	起挖灌木	1. 灌木种类 2. 地径 3. 灌丛高或蓬径 4. 起挖方式	株		Y1-2-30～Y1-2-44
WB050102027	起挖绿篱	1. 种类 2. 篱高 3. 行数、蓬径	m	按设计图示长度以延长米计算	Y1-2-56～Y1-2-65
WB050102028	起挖色带	1. 苗木、花卉种类 2. 株高或蓬径 3. 单位面积株数	m²	按设计图示尺寸以面积计算	Y1-2-66～Y1-2-68
WB050102029	起挖草皮	草皮种类	m²	按设计图示尺寸以面积计算	Y1-2-200
WB050102030	机械灌洒土球苗木	土球规格	株	按数量计算	Y1-2-222～Y1-2-229
WB050102031	机械灌洒裸根苗木	胸径或冠丛高			Y1-2-230～Y1-2-240
WB050102032	机械灌洒丛生竹	根盘丛径	丛		Y1-2-241～Y1-2-243
WB050102033	机械灌洒绿篱	1. 绿篱种类 2. 篱高 3. 行数	m	按长度计算	Y1-2-244～Y1-2-249
WB050102034	机械灌洒色块	1. 苗木、花卉种类 2. 株高或蓬径	m²	按面积计算	Y1-2-250～Y1-2-253
WB050102035	机械灌洒木箱苗木	木箱规格	箱	按数量计算	Y1-2-254～Y1-2-258
WB050102036	机械灌洒攀缘植物	1. 植物种类 2. 地径	株		Y1-2-259～Y1-2-262

项目编码	项目名称	项目特征	计量单位	工程量计算规则	定额指引
WB050102037	机械灌洒草坪及花卉	植物种类	m²	按面积计算	Y1-2-263～1-2-264

注：1. 片植绿篱、花卉按栽植色带项目相应编码列项。

2. 挖土外运、借土回填、挖（凿）土（石）方应包括在相关项目内。

3. 苗木计算应符合下列规定：

(1) 胸径应为地表面向上 1.2m 高处树干直径。

(2) 冠径又称冠幅，应为苗木冠丛垂直投影面的最大直径和最小直径之间的平均值。

(3) 蓬径应为灌木、灌丛垂直投影面的直径。

(4) 地径应为地表面向上 0.1m 高处树干直径。

(5) 干径应为地表面向上 0.3m 高处树干直径。

(6) 株高应为地表面至树顶端的高度。

(7) 冠丛高应为地表面至乔（灌）木顶端的高度。

(8) 篱高应为地表面至绿篱顶端的高度。

(9) 养护期应为招标文件中要求苗木种植结束后承包人负责养护的时间。

4. 土球包裹材料、打吊针及喷洒生根剂等费用应包含在相应项目内。

5. 发包人如有成活率要求时，应在特征描述中加以描述。

A.4　绿化养护（编码：WB050104）

项目编码	项目名称	项目特征	计量单位	工程量计算规则	定额指引
WB050104001	乔木成活养护	1. 种类 2. 胸径 3. 株高、冠径 4. 养护期	株	按数量计算	Y1-3-1～Y1-3-12
WB050104002	灌木成活养护	1. 种类 2. 地径 3. 冠丛高 4. 蓬径 5. 养护期			Y1-3-13～Y1-3-24
WB050104003	绿篱成活养护	1. 种类 2. 篱高 3. 行数、蓬径 4. 养护期	m	按长度计算	Y1-3-25～Y1-3-34
WB050104004	绿篱成活养护	1. 种类 2. 篱高 3. 单位面积株数 4. 养护期	m²	按面积计算	Y1-3-35～Y1-3-39

项目编码	项目名称	项目特征	计量单位	工程量计算规则	定额指引
WB050104005	竹类成活养护	1. 竹种类 2. 竹高度 3. 养护期	株	按数量计算	Y1-3-40～Y1-3-44
WB050104006	球形植物成活养护	1. 种类 2. 蓬径 3. 高度 4. 养护期			Y1-3-45～Y1-3-51
WB050104007	植物花卉成活养护	1. 花卉种类 2. 株高或蓬径 3. 养护期	m²	按面积计算	Y1-3-52
WB050104008	攀缘植物成活养护	1. 种类 2. 地径 3. 养护期	株	按数量计算	Y1-3-53～Y1-3-54
WB050104009	地被植物成活养护	1. 种类 2. 养护期	m²	按面积计算	Y1-3-55
WB050104010	水生植物成活养护，塘植	1. 种植方式 2. 养护期	丛	按数量计算	Y1-3-56
WB050104011	水生植物成活养护，盆栽	1. 种植方式 2. 养护期	盆	按数量计算	Y1-3-57
WB050104012	草坪成活养护	1. 草坪种类 2. 铺种方式 3. 养护期	m²	按面积计算	Y1-3-58～Y1-3-69
WB050104013	乔木保存养护	1. 种类 2. 胸径 3. 株高、冠径 4. 养护期	株	按数量计算	Y1-3-70～Y1-3-81
WB050104014	灌木保存养护	1. 种类 2. 地径 3. 冠丛高 4. 蓬径 5. 养护期	株		Y1-3-82～Y1-3-93
WB050104015	绿篱保存养护	1. 种类 2. 篱高 3. 行数、蓬径 4. 养护期	m	按长度计算	Y1-3-94～Y1-3-103

项目编码	项目名称	项目特征	计量单位	工程量计算规则	定额指引
WB050104016	绿篱保存养护	1. 种类 2. 篱高 3. 单位面积株数 4. 养护期	m²	按面积计算	Y1-3-104~Y1-3-108
WB050104017	竹类保存养护	1. 竹种类 2. 竹高度 3. 养护期	株	按数量计算	Y1-3-109~Y1-3-113
WB050104018	球形植物保存养护	1. 种类 2. 蓬径 3. 高度 4. 养护期			Y1-3-114~Y1-3-120
WB050104019	植物花卉保存养护	1. 花卉种类 2. 株高或蓬径 3. 养护期	m²	按面积计算	Y1-3-121
WB050104020	攀缘植物保存养护	1. 种类 2. 地径 3. 养护期	株	按数量计算	Y1-3-122~Y1-3-123
WB050104021	地被植物保存养护	1. 种类 2. 养护期	m²	按面积计算	Y1-3-124
WB050104022	水生植物保存养护，塘植	1. 植物种类 2. 种植方式 3. 养护期	丛	按数量计算	Y1-3-125
WB050104023	水生植物保存养护，盆栽	1. 植物种类 2. 种植方式 3. 养护期	盆	按数量计算	Y1-3-126
WB050104024	草坪保存养护	1. 草坪种类 2. 铺种方式 3. 养护期	m²	按面积计算	Y1-3-127~Y1-3-138

附录 B　园路、园桥工程

B.1　园路、园桥工程（编码：050201）

项目编码	项目名称	项目特征	计量单位	工程量计算规则	定额指引
050201001	园路面层	1. 园路宽度 2. 材料种类 3. 材料规格 4. 结合层材料种类、厚度	m²	按图示尺寸以面积计算（不包括路牙）	Y2-4-8～Y2-4-29
050201003	路牙铺设	1. 路牙材料种类 2. 路牙材料规格 3. 砂浆强度等级	m	按图示尺寸以长度计算	Y2-4-30～Y2-4-33
050201004	树池围牙盖板（箅子）	1. 材料种类 2. 材料规格 3. 铺设方式			Y2-4-34～Y2-4-36
050201006	桥基础	1. 基础类型 2. 材料种类 3. 材料规格 4. 砂浆强度等级	m³	按设计图示尺寸以体积计算	Y2-3-1
050201007	石桥墩、石桥台	1. 材料种类 2. 材料规格 3. 勾缝要求 4. 砂浆强度等级、配合比			Y2-3-2～Y2-3-4
050201008	拱券石	1. 材料种类 2. 材料规格 3. 勾缝要求 4. 砂浆强度等级、配合比	m²	按图示尺寸以面积计算	Y2-3-8～Y2-3-9
050201009	石券脸	1. 材料种类 2. 材料规格 3. 券脸雕刻要求 4. 勾缝要求 5. 砂浆强度等级、配合比			Y2-3-10～Y2-3-11

项目编码	项目名称	项目特征	计量单位	工程量计算规则	定额指引
050201010	金刚墙砌筑	1. 材料种类 2. 材料规格 3. 勾缝要求 4. 砂浆强度等级、配合比	m³	按设计图示尺寸以体积计算	Y2-3-14～Y2-3-17
050201011	石桥面铺筑	1. 石料种类 2. 石料规格 3. 找平层厚度、材料种类 4. 勾缝要求	m²		Y2-3-7
WB050201016	石砌护坡	1. 材料种类 2. 材料规格 3. 勾缝要求 4. 砂浆强度等级、配合比	m³	按设计图示尺寸以体积计算	Y2-3-5～Y2-3-6
WB050201017	其他石墙		m³		Y2-3-18～Y2-3-22
WB050201018	铁锔、银锭安装	1. 材料种类 2. 材料规格 3. 安装方式 4. 砂浆强度等级、配合比	个	按设计图示尺寸以个计算	Y2-3-12～Y2-3-13
WB050201019	墙体面层	1. 材料种类 2. 材料规格 3. 勾缝要求 4. 砂浆强度等级、配合比	m²	按设计图示尺寸以面积计算	Y2-3-23～27
WB050201020	土基整理路床	1. 土石方类别 2. 压实度要求 3. 弃土运距	m²	按设计图示尺寸以面积计算	Y2-4-1
WB050201021	园路垫层	1. 垫层厚度 2. 垫层宽度 3. 材料种类	m³	按设计图示尺寸（如无图示尺寸按面层尺寸，两边各放宽 5cm 乘以厚度）以体积计算	Y2-4-2～Y2-4-7
WB050201022	园路模板	1. 材料种类 2. 材料规格 3. 安装方式	m²	按设计图示尺寸以面积计算	Y2-4-39
WB050201023	景观钢筋	1. 材料种类 2. 材料规格 4. 安装方式	t	按设计图示尺寸以t计算	Y2-4-37～Y2-4-38

B.2 驳岸、护岸（编码：050202）

项目编码	项目名称	项目特征	计量单位	工程量计算规则	定额指引
050202001	石（卵石）砌驳岸	1. 石料种类、规格 2. 驳岸截面、长度 3. 勾缝要求 4. 砂浆强度等级、配合比	m³	以立方米计量，按设计图示尺寸以体积计算	Y2-1-27
050202002	原木桩驳岸	1. 木材种类 2. 桩直径 3. 桩单根长度 4. 防护材料种类	m³	以立方米计量，按设计图示尺寸以体积计算	Y2-1-28
050202003	满（散）铺砂卵石护岸（自然护岸）	1. 护岸平均宽度 2. 粗细砂比例 3. 卵石粒径	m²	以平方米计量，按设计图示尺寸以护岸展开面积计算	Y2-1-29

附录 C 园林景观工程

C.1 堆塑假山（编码：050301）

项目编码	项目名称	项目特征	计量单位	工程量计算规则	定额指引
050301001	堆筑土山丘	1. 土丘高度 2. 土丘坡度要求 3. 土丘底外接矩形面积	m³	按设计图示山丘水平投影外接矩形面积乘以高度的 1/3 以体积计算	Y2-1-1
050301002	堆砌石假山	1. 堆砌高度 2. 石料种类、单块重量 3. 混凝土强度等级 4. 砂浆强度等级、配合比	t	按设计图示尺寸以质量计算	Y2-1-2～Y2-1-15
050301003	塑假山	1. 假山高度 2. 骨架材料种类、规格 3. 山皮料种类 4. 混凝土强度等级 5. 砂浆强度等级、配合比 6. 防护材料种类	m²	按设计图示尺寸以展开面积计算	Y2-1-23～Y2-1-26
050301004	石笋	1. 石笋高度 2. 石笋材料种类 3. 砂浆强度等级、配合比	只	以只计量，按设计图示数量计算	Y2-1-16～Y2-1-18
050301005	点风景石	1. 石料种类 2. 石料规格、重量 3. 砂浆配合比	t	以吨计量，按设计图示石料质量计算	Y2-1-19～Y2-1-21
050301006	池、盆景置石	1. 底盘种类 2. 山石高度 3. 山石种类 4. 混凝土砂浆强度等级 5. 砂浆强度等级、配合比	t	以吨计量，按设计图示石料质量计算	Y2-1-22

C.3 亭廊屋面（编码：050303）

项目编码	项目名称	项目特征	计量单位	工程量计算规则	定额指引
05303001	草屋面	1. 屋面坡度 2. 铺草种类 3. 防护材料种类 4. 其他	m²	按设计图示尺寸以斜面计算	Y2-2-1～Y2-2-3
050303003	树皮屋面			按设计图示尺寸以屋面结构外围面积计算	Y2-2-4

C.4 花架（编码：050304）

项目编码	项目名称	项目特征	计量单位	工程量计算规则	定额指引
05304003	金属花架柱、梁	1. 钢材品种、规格 2. 柱、梁截面 3. 油漆品种、刷漆遍数	t	按设计图示尺寸以质量计算	Y2-2-8～Y2-2-9
050304004	木花架柱、梁	1. 木材种类 2. 柱、梁截面 3. 连接方式 4. 防护材料种类	m³	按设计图示截面乘长度（包括榫长）以体积计算	Y2-2-5～Y2-2-7

C.5 园林桌椅（编码：050305）

项目编码	项目名称	项目特征	计量单位	工程量计算规则	定额指引
050305002	水磨石飞来椅	1. 座凳面厚度、宽度 2. 靠背扶手截面 3. 靠背截面 4. 座凳楣子形状、尺寸 5. 砂浆配合比	m	按设计图示尺寸以座凳面中心线长度计算	Y2-2-23
050305006	石桌石凳	1. 石材种类 2. 基础形状、尺寸、埋设深度 3. 桌面形状、尺寸、支墩高度 4. 凳面尺寸、支墩高度 5. 混凝土强度等级 6. 砂浆配合比	个	按设计图示数量计算	Y2-2-33～Y2-2-39

项目编码	项目名称	项目特征	计量单位	工程量计算规则	定额指引
050305007	水磨石桌凳	1. 基础形状、尺寸、埋设深度 2. 桌面形状、尺寸、支墩高度 3. 凳面尺寸、支墩高度 4. 混凝土强度等级 5. 砂浆配合比	只	按设计图示数量计算	Y2-2-24
WB050305011	水磨石平板凳	1. 基础形状、尺寸、埋设深度 2. 桌面形状、尺寸、支墩高度	m	按设计图示尺寸以座凳面中心线长度计算	Y2-2-21～Y2-2-22
WB050305012	水磨石原色木纹板	3. 凳面尺寸、支墩高度 4. 混凝土强度等级 5. 砂浆配合比	m²	以平方米计算，按设计图示尺寸以面积计算	Y2-2-25～Y2-2-26
WB050305013	塑木纹墙柱面	1. 砂浆配合比 2. 油漆品种、颜色 3. 其他			Y2-2-27

C.7　杂项（编码：050307）

项目编码	项目名称	项目特征	计量单位	工程量计算规则	定额指引
050307004	塑树皮梁、柱	1. 塑树种类 2. 塑竹种类 3. 砂浆配合比	m²	以平方米计算，按设计图示尺寸以梁柱外表面积计算	Y2-2-10～Y2-2-16
050307005	塑竹梁、柱	4. 喷字规格、颜色 5. 油漆品种、颜色 6. 其他	m	以米计量，按设计图示尺寸以构件长度计算	Y2-2-17～Y2-2-20
050307006	铁艺栏杆	1. 铁艺栏杆高度 2. 铁艺栏杆单位长度重量 3. 防护材料种类 4. 其他		按设计图示尺寸以长度计算	Y2-2-64～Y2-2-66

项目编码	项目名称	项目特征	计量单位	工程量计算规则	定额指引
050307008	钢筋混凝土艺术围栏	1. 围栏高度 2. 混凝土强度等级 3. 表面涂敷材料种类			Y2-2-60～Y2-2-63
050307011	景窗	1. 景窗材料品种、规格 2. 混凝土强度等级 3. 砂浆强度等级、配合比 4. 涂刷材料品种	m	以米计量，按设计图示尺寸以延长米计算	Y2-2-40～Y2-2-43
050307012	花饰	1. 花饰材料品种、规格 2. 砂浆配合比 3. 涂刷材料品种			Y2-2-44～Y2-2-47
050307013	博古架	1. 博古架材料品种、规格 2. 混凝土强度等级 3. 砂浆配合比 4. 涂刷材料品种	m²	1. 以平方米计算，按设计图示尺寸以面积计算	Y2-2-48～Y2-2-50
			m	2. 以米计算，按设计图示尺寸以延长米计算	
050307016	花池	1. 土质类别 2. 池壁材料种类、规格 3. 混凝土、砂浆强度等级、配合比 4. 饰面材料种类	m³	以立方米计量，按设计图示尺寸以体积计算	Y2-2-54
050307017	垃圾箱	1. 垃圾箱材质 2. 规格尺寸 3. 混凝土强度等级 4. 砂浆配合比	只	按设计图示尺寸以数量计算	Y2-2-28
050307018	砖石砌小摆设	1. 砖种类、规格 2. 石种类、规格 3. 砂浆强度等级、配合比 4. 石表面加工要求 5. 勾缝要求	m³	以立方米计量，按设计图示尺寸以体积计算	Y2-2-55～Y2-2-56

项目编码	项目名称	项目特征	计量单位	工程量计算规则	定额指引
WB050307021	水磨石木纹板	1. 垫层材料厚度、种类 2. 找平层厚度、砂浆配合比 3. 面层厚度、水泥石子浆配合比	m²	以平方米计算，按设计图示尺寸以面积计算	Y2-2-51～Y2-2-52
WB050307022	门窗框	1. 门窗框材料品种、规格 2. 混凝土强度等级 3. 砂浆强度等级、配合比 4. 涂刷材料品种	m³	以立方米计量，按设计图示尺寸以体积计算	Y2-2-53
WB050307023	其他小构件	1. 混凝土强度等级 2. 砂浆强度等级、配合比 3. 涂刷材料品种	m³	以立方米计量，按设计图示尺寸以体积计算	Y2-2-57～Y2-2-59
WB050307024	花色栏杆安装	1. 表面涂刷材料种类 2. 安装方式	m	以米计算，按设计图示尺寸以延长米计算	Y2-2-67～Y2-2-68
WB050307025	采光玻璃天棚	1. 钢材品种、规格 2. 柱、梁截面 3. 油漆品种、刷漆遍数 4. 玻璃的品种、规格 5. 连接方式	m²	以平方米计算，按设计图示尺寸以面积计算	Y2-2-69～Y2-2-75

附录 D 其他项目

D.1 脚手架工程（编码：050401）

项目编码	项目名称	项目特征	计量单位	工程量计算规则	定额指引
050401003	亭脚手架	1. 搭设方式 2. 檐口高度	座	以座计量，按设计图示数量计算	Y2-2-76～Y2-2-78

D.3 树木支撑架、草绳绕树干、搭设遮阴（防寒）棚工程（编码：050403）

项目编码	项目名称	项目特征	计量单位	工程量计算规则	定额指引
050403001	树木支撑架	1. 支撑类型、材质 2 支撑材料规格 3. 单株支撑材料数量	株	按设计图示数量计算	Y1-4-16～Y1-4-28
050403002	草绳绕树干	1. 胸径（干径） 2. 草绳所绕树干高度			Y1-4-10～Y1-4-15
050403003	搭设遮阴（防寒）棚	1. 搭设高度 2. 搭设材料种类、规格	m²	按遮阴（防寒）棚的水平投影面积以"平方米"计算	Y1-4-35～Y1-4-37
WB050403004	苗木假植	1. 苗木种类 2. 乔木胸径，灌木冠丛高	株	按数量计算	Y1-4-1～Y1-4-9
WB050403005	树干刷白	胸径			Y1-4-29～Y1-4-34
WB050403006	苗木防寒、防冻，乔灌木	1. 种类 2. 规格			Y1-4-38～Y1-4-43
WB050403007	苗木防寒、防冻，竹类		根		Y1-4-44～Y1-4-47

注：1. 编制工程量清单时，若设计图纸中有关于树干支撑架、草绳绕树干、搭设遮阴（防寒）棚、树干刷白、苗木防寒、防冻专项设计方案的，应按措施项目清单中有关规定描述其项目特征，并根据工程量计算规则计算工程量；若无相关设计方案，可选用以下原则处理：

(1) 其工程数量可为暂估量，在办理结算时，按批准的施工组织设计方案，以实际发生的工程量计算；

(2) 以"项"作为计量单位，由投标人根据施工组织设计方案自行报价。

2. 由于影响措施项目设置的因素太多，本规范不可能将施工中可能出现的措施项目一一列出。在编制措施项目清单时，因工程情况不同，出现本规范及附录中未列的措施项目，可根据工程的具体情况对措施项目清单作补充。

D.6 水体护理 (编码：WB050406)

项目编码	项目名称	项目特征	计量单位	工程量计算规则	定额指引
WB050406001	水体护理	1. 护理内容 2. 养护期	m²	按护理的水域面积计算	Y1-4-48

仿古建筑工程

附录 A 砖作工程

A.2 贴面（编码：020102）

项目编码	项目名称	项目特征	计量单位	工程量计算规则	定额指引
020102003	砖细勒角	1. 贴面分块尺寸 2. 用砖品种、规格、强度等级 3. 铁件种类、规格 4. 砂浆种类、强度等级及配合比 5. 防护剂名称、涂刷遍数	m²	按设计图示尺寸以面积计算；计算工程量时应扣除门窗洞口和孔洞所占的面积	F1-1-48～F1-1-50
020102004	砖细角景墙面	1. 角景类型 2. 角景贴面分块尺寸 3. 方砖品种、规格、强度等级 4. 铁件种类、规格 5. 砂浆种类、强度等级及配合比 6. 防护剂名称、涂刷遍数	m²	按设计图示尺寸以面积计算；计算工程量时应扣除门窗洞口和孔洞所占的面积	F1-1-51～F1-1-54

A.5 砖券（拱）、月洞、地穴及门窗套（编码：020105）

项目编码	项目名称	项目特征	计量单位	工程量计算规则	定额指引
020105003	月洞，地穴，门窗樘套	1. 构件规格尺寸 2. 构件部位 3. 构件形式 4. 线脚及出口类型 5. 方砖品种、规格、强度等级 6. 铁件种类、规格 7. 砂浆种类、强度等级及配合比 8. 防护剂名称、涂刷遍数	m	按设计图示外围周长以延长米计算	F1-1-96～ F1-1-113
020105005	镶边	1. 线脚宽度、线脚类型 2. 方砖品种、规格、强度等级 3. 铁件种类、规格 4. 砂浆种类、强度等级及配合比 5. 防护剂名称、涂刷遍数	m	按设计图示外围周长以延长米计算	F1-1-117～ F1-1-118

项目编码	项目名称	项目特征	计量单位	工程量计算规则	定额指引
WB020105006	窗台板	1. 线脚类型 2. 出口形式 3. 方砖品种、规格、强度等级 4. 铁件种类、规格 5. 砂浆种类、强度等级及配合比 6. 防护剂名称、涂刷遍数	m	按设计图示尺寸以延长米计算	F1-1-114～F1-1-116

A.6　漏窗（编制：020106）

项目编码	项目名称	项目特征	计量单位	工程量计算规则	定额指引
020106001	砖细漏窗	1. 窗框出口形式 2. 框边刨边形式 3. 窗芯形式 4. 窗规格尺寸 5. 方砖品种、规格、强度等级 6. 防护剂名称、涂刷遍数	m²	以平方米计量，按设计图示尺寸以面积计算	F1-1-89～F1-1-90
020106002	砖瓦漏窗	1. 窗框出口形式 2. 框边刨边形式 3. 窗芯形式 4. 窗规格尺寸 5. 方砖品种、规格、强度等级 6. 防护剂名称、涂刷遍数	m²	以平方米计量，按设计图示尺寸以面积计算	F1-1-91～F1-1-95
WB020106004	砖细漏窗	1. 窗框出口形式 2. 框边刨边形式 3. 窗芯形式 4. 窗规格尺寸 5. 方砖品种、规格、强度等级 6. 防护剂名称、涂刷遍数	m	按设计图示外围周长以延长米计算	F1-1-85～F1-1-88

A.9 槛墙、槛栏杆（编码：020109）

项目编码	项目名称	项目特征	计量单位	工程量计算规则	定额指引
020109001	砖细半墙坐槛面	1. 坐槛面规格尺 2. 线脚类型寸 3. 方砖品种、规格、强度等级 4. 防护剂名称、涂刷遍数	m	按设计图示尺寸以水平延长米计算	F1-1-119～F1-1-122
020109002	砖细（坐槛）栏杆	1. 线脚类型 2. 方砖品种、规格、强度等级 3. 木径设置及材质	m	砖细坐槛面砖、托泥、芯子砖按设计图示尺寸以延长米计算；坐槛栏杆侧柱按高度以延长米计算	F1-1-123～F1-1-126

A.10 砖细构件（编码：020110）

项目编码	项目名称	项目特征	计量单位	工程量计算规则	定额指引
020110001	砖细平面抛方	1. 抛方类型及高度 2. 刨面方砖品种、规格、强度等级 3. 铁件种类、规格	m	按设计图示外包尺寸以延长米计算	F1-1-55～F1-1-58
020110002	砖细台口抛方	1. 台口砖高度 2. 刨面方砖品种、规格、强度等级 3. 铁件种类、规格	m	按设计图示外包尺寸以延长米计算	F1-1-59～F1-1-62
020110003	八字垛头拖泥锁口	1. 方砖品种、规格、强度等级 2. 构件的断面尺寸 3. 铁件种类、规格 4. 防护剂名称、涂刷遍数	m	按设计图示尺寸以延长米计算	F1-1-63
020110004	八字垛头勒脚、墙身	1. 方砖品种、规格、强度等级 2. 墙体厚度 3. 铁件种类、规格 4. 防护剂名称、涂刷遍数	m²	按设计图示尺寸以面积计算	F1-1-64

项目编码	项目名称	项目特征	计量单位	工程量计算规则	定额指引
020110005	下枋	1. 构件规格 2. 方砖品种、规格、强度等级 3. 铁件种类、规格 4. 砂浆种类、强度等级及配合比 5. 防护剂名称、涂刷遍数	m	按设计图示尺寸以延长米计算	F1-1-68
020110006	上下托浑线脚	1. 方砖品种、规格、强度等级 2. 构件的断面尺寸 3. 防护剂名称、涂刷遍数	m	按设计图示尺寸以延长米计算	F1-1-65
020110007	宿塞	1. 方砖品种、规格、强度等级 2. 构件的断面尺寸 3. 防护剂名称、涂刷遍数	m	按设计图示尺寸以延长米计算	F1-1-74
020110008	木角小圆线台盘浑	1. 方砖品种、规格、强度等级 2. 构件的断面尺寸 3. 防护剂名称、涂刷遍数	m	按设计图示尺寸以延长米计算	F1-1-69
020110009	大镶边	1. 方砖品种、规格、强度等级 2. 构件的断面尺寸 3. 防护剂名称、涂刷遍数	m	按设计图示尺寸以延长米计算	F1-1-70
020110010	字碑镶边	1. 方砖品种、规格、强度等级 2. 构件的断面尺寸 3. 铁件种类、规格 4. 防护剂名称、涂刷遍数	m	按设计图示尺寸外围周长以延长米计算	F1-1-71
020110012	字碑	1. 构件规格 2. 方砖品种、规格 3. 构件断面尺寸强度等级 4. 铁件种类、规格 5. 砂浆种类、强度等级及配合比 6. 防护剂名称、涂刷遍数	m	按设计图示尺寸以延长米计算	F1-1-78
020110013	出线一路托浑木角单线	1. 方砖品种、规格、强度等级 2. 构件的断面尺寸 3. 防护剂名称、涂刷遍数	m	按设计图示尺寸以延长米计算	F1-1-73
020110014	上枋	1. 构件规格 2. 方砖品种、规格、 3. 构件断面尺寸强度等级 4. 铁件种类、规格 5. 砂浆种类、强度等级及配合比 6. 防护剂名称、涂刷遍数	m	按设计图示尺寸以延长米计算	F1-1-67

项目编码	项目名称	项目特征	计量单位	工程量计算规则	定额指引
020110015	斗盘枋	1. 构件规格 2. 方砖品种、规格、 3. 构件断面尺寸强度等级 4. 铁件种类、规格 5. 砂浆种类、强度等级及配合比 6. 防护剂名称、涂刷遍数	m	按设计图示尺寸以延长米计算	F1-1-75
020110016	五寸堂	1. 构件规格 2. 方砖品种、规格、 3. 构件断面尺寸强度等级 4. 铁件种类、规格 5. 砂浆种类、强度等级及配合比 6. 防护剂名称、涂刷遍数	m	按设计图示尺寸以延长米计算	F1-1-76
020110017	一飞砖木角线	1. 方砖品种、规格、强度等级 2. 构件的断面尺寸 3. 防护剂名称、涂刷遍数	m	按设计图示尺寸以延长米计算	F1-1-79
020110018	二飞砖托浑	1. 方砖品种、规格、强度等级 2. 构件的断面尺寸 3. 防护剂名称、涂刷遍数	m	按设计图示尺寸以延长米计算	F1-1-80
020110019	三飞砖晓色	1. 方砖品种、规格、强度等级 2. 构件的断面尺寸 3. 防护剂名称、涂刷遍数	m	按设计图示尺寸以延长米计算	F1-1-81
020110020	荷花柱头	1. 方砖品种、规格、强度等级 2. 构件的断面尺寸 3. 防护剂名称、涂刷遍数	m	2. 以米计量，按设计图示尺寸以延长米计算	F1-1-77
020110021	将板砖	1. 方砖品种、规格、强度等级 2. 构件的断面尺寸 3. 防护剂名称、涂刷遍数	m	按设计图示以延长米计算	F1-1-82
201100220	挂芽	1. 方砖品种、规格、强度等级 2. 构件的断面尺寸 3. 防护剂名称、涂刷遍数	m	按设计图示以延长米计算	F1-1-83
020110023	靴头砖	1. 方砖品种、规格、强度等级 2. 构件的断面尺寸 3. 防护剂名称、涂刷遍数	m	按设计图示以延长米计算	F1-1-84

项目编码	项目名称	项目特征	计量单位	工程量计算规则	定额指引
020110024	砖细包檐	1. 砖细包檐每道厚度 2. 包檐种类 3. 包檐道数 4. 方砖品种、规格、强度等级 5. 防护剂名称、涂刷遍数	m	按设计图示尺寸以水平延长米计算	F1-1-127～ F1-1-128
020110025	砖细屋脊头	1. 脊头形式 2. 规格尺寸 3. 方砖品种、规格、强度等级 4. 防护剂名称、涂刷遍数	只	按设计图示数量计算	F1-1-131
020110026	砖细戗头板虎头牌	1. 砖细戗头板虎 2. 规格尺寸头牌型式 3. 宽度尺寸 4. 方砖品种、规格、强度等级 5. 铁件种类规格 6. 防护剂名称、涂刷遍数	只	按设计图示数量计算	F1-1-135～ F1-1-136
020110027	雕刻枫拱板	1. 方砖品种、规格、强度等级 2. 枫拱板规格尺寸 3. 铁件种类、规格 4. 防护剂名称、涂刷遍数	块	按设计图示数量计算	F1-1-142
020110028	矩形桁条枠桁	1. 构件截面尺寸 2. 方砖品种、规格、强度等级 3. 防护剂名称、涂刷遍数	m	按设计图示尺寸以水平延长米计算	F1-1-129
020110029	矩形椽子,飞椽	1. 构件截面尺寸 2. 方砖品种、规格、强度等级 3. 防护剂名称、涂刷遍数	m	按设计图示尺寸以水平延长米计算（深入墙内部分工程量并入工程量计算）	F1-1-130
020110030	梁垫（雀替）	1. 构件的规格尺寸 2. 方砖品种、规格、强度等级 3. 铁件种类、规格 4. 防护剂名称、涂刷遍数	个	按设计图示数量计算	F1-1-133
WB020110032	刨望砖，刨面	1. 加工位置，加工面形状 2. 材料分类、规格	m²	按加工面面积以"平方米"计算	F1-1-1～F1-1-2
WB020110033	刨方砖，刨面	1. 加工位置，加工面形状 2. 材料分类、规格	m²	按加工面面积以"平方米"计算	F1-1-3～F1-1-4

项目编码	项目名称	项目特征	计量单位	工程量计算规则	定额指引
WB020110034	望砖刨边（缝）	1. 加工位置，加工面形状 2. 材料分类、规格	m	按加工长度以"延长米"计算	F1-1-5~F1-1-7
WB020110035	方砖刨边（缝）、刨线脚	1. 加工位置，加工面形状 2. 材料分类、规格	m	按加工长度以"延长米"计算	F1-1-8~F1-1-16
WB020110036	方砖做榫眼	1. 榫构件分类及形状 2. 材料分类	个	按加工数量以"个"计算	F1-1-17~F1-1-18
WB020110037	做细望砖	1. 加工形状 2. 加工等级 3. 材质 4. 规格	块	按加工数量以"块"计算	F1-1-36~F1-1-40

A.11 砖细斗拱（编码：020111）

项目编码	项目名称	项目特征	计量单位	工程量计算规则	定额指引
020111001	砖细斗拱	1. 斗拱型式 2. 方砖品种、规格、强度等级 3. 铁件种类规格 4. 防护剂名称、涂刷遍数	套（座）	按设计图示数量计算	F1-1-137~F1-1-141
020111002	博风板头	1. 博风板头规格 2. 雕刻要求尺寸 3. 方砖品种、规格、强度等级 4. 铁件种类规格 5. 防护剂名称、涂刷遍数	只	按设计图示数量计算	F1-1-134
020111003	挂落	1. 方砖品种、规格、强度等级 2. 构件的断面尺寸 3. 防护剂名称、涂刷遍数	m	按设计图示尺寸以上皮长度计算，方砖博风扣除博风头所占长度	F1-1-66
020111004	垛头	1. 墙体厚度 2. 雕刻要求 3. 规格尺寸 4. 方砖品种、规格、强度等级 5. 铁件种类规格 6. 防护剂名称、涂刷遍数	只	按设计图示数量计算	F1-1-132

A.12 砖浮雕及碑 (编码: 020112)

项目编码	项目名称	项目特征	计量单位	工程量计算规则	定额指引
020112001	砖雕刻	1. 方砖雕刻形式 2. 雕刻深度 3. 图案加工形式	m²	按设计图示尺寸 (外围矩形尺寸) 以面积计计算	F1-1-19～F1-1-26
020112002	砖字碑 镌字	1. 字碑镌字形式 2. 字的规格尺寸	个	按设计图示以镌字数量计算	F1-1-27～F1-1-35

附录 B 石作工程

B.1 台基及台阶（编码：020201）

项目编码	项目名称	项目特征	计量单位	工程量计算规则	定额指引
020201001	阶条石	1. 石料种类、构件规格 2. 石料表面加工要求及等级 3. 粘结层材料种类、厚度、强度	m²	按设计图示水平投影尺寸以面积计算	F1-2-45~F1-2-50 F1-2-60
020201005	锁口石	1. 石料种类、构件规格 2. 石料表面加工要求及等级 3. 粘结层材料种类、厚度、强度	m²	以平方米计量，按设计图示以面积计算	F1-2-53~F1-2-54 F1-2-62
020201011	地坪石	1. 石料种类、构件规格 2. 石料表面加工要求及等级 3. 粘结层材料种类、厚度、强度 4. 每平米块数	m²	以平方米计量，按设计图示以面积计算	F1-2-56~F1-2-58 F1-2-64
020201013	台基须弥座	1. 石料种类、断面规格 2. 石料表面加工要求及等级 3. 雕刻种类 4. 线脚要求 5. 砂浆强度等级	m	按断面规格以延长米计算	F1-2-88~F1-2-92
WB020201015	侧塘石	1. 石料种类、构件规格 2. 石料表面加工要求及等级 3. 粘结层材料种类、厚度、强度	m²	以平方米计量，按设计图示以面积计算	F1-2-51~F1-2-52 F1-2-61
WB020201016	菱角石	1. 石料种类、构件规格 2. 石料表面加工要求及等级 3. 粘结层材料种类、厚度、强度	m²	以平方米计量，按设计图示以面积计算	F1-2-55 F1-2-63
WB020201017	麻菇石	1. 石料种类、构件规格 2. 石料表面加工要求及等级 3. 粘结层材料种类、厚度、强度	m²	以平方米计量，按设计图示以面积计算	F1-2-59

B.2 望柱、栏杆、磴（编码：020202）

项目编码	项目名称	项目特征	计量单位	工程量计算规则	定额指引
020202001	花坛石	1. 石料种类、构件规格 2. 石料表面加工要求及等级 3. 花坛样式 4. 线脚要求 5. 砂浆强度等级	m³	以立方米计量，按设计图示尺寸以体积计算	F1-2-93～F1-2-95
020202002	石望柱	1. 石料种类、构件规格 2. 石料表面加工要求及等级 3. 雕饰种类 4. 线脚要求 5. 砂浆强度等级	m³	以立方米计量，按设计图示尺寸以体积计算	F1-2-96～F1-2-103 F1-2-118
020202004	石栏板	1. 石料种类、构件规格 2. 构件样式 3. 石料表面加工要求及等级 4. 雕饰种类、形式 5. 砂浆强度等级	m³	以立方米计量，按设计图示尺寸以体积计算	F1-2-104～ F1-2-111 F1-2-119
020202005	抱鼓石	1. 石料种类、构件规格 2. 构件样式 3. 石料表面加工要求及等级 4. 雕饰种类、形式 5. 砂浆强度等级	块	按体积大小以块计算	F1-2-137
020202006	条形石凳	1. 石料种类、构件规格 2. 构件样式 3. 石料表面加工要求及等级 4. 凳脚断面 5. 砂浆强度等级	m³	以立方米计量，按设计图示尺寸以体积计算	F1-2-112～ F1-2-117 F1-2-120

B.3 柱、梁、枋（编码：020203）

项目编码	项目名称	项目特征	计量单位	工程量计算规则	定额指引
020203001	柱	1. 石料种类、构件规格 2. 石料形状 3. 石料表面加工要求及等级 4. 雕刻种类、深度、面积 5. 砂浆强度等级	m³	以立方米计量，按设计图示尺寸以体积计算	F1-2-65～ F1-2-77

项目编码	项目名称	项目特征	计量单位	工程量计算规则	定额指引
WB020203004	梁、枋	1. 石料种类、构件规格 2. 石料形状 3. 石料表面加工要求及等级 4. 雕刻种类、深度、面积 5. 砂浆强度等级	m³	以立方米计量,按设计图示尺寸以体积计算	F1-2-78~ F1-2-79
WB020203005	柱、梁、枋安装	1. 石料种类、构件规格 2. 石料形状 3. 石料表面加工要求及等级 4. 雕刻种类、深度、面积 5. 砂浆强度等级	m³	以立方米计量,按设计图示尺寸以体积计算	F1-2-80

B.4 墙身石及门窗石、槛垫石(编码:020204)

项目编码	项目名称	项目特征	计量单位	工程量计算规则	定额指引
020204013	石门、窗框	1. 石料种类、构件规格 2. 石料形状 3. 石料表面加工要求及等级 4. 雕刻种类、深度、面积 5. 砂浆强度等级	m³	以立方米计量,按设计图示尺寸以体积计算	F1-2-81~ F1-2-87

B.5 石屋面、拱券石、拱眉石及石斗拱(编码:020205)

项目编码	项目名称	项目特征	计量单位	工程量计算规则	定额指引
020205001	石屋面	1. 石料种类、构件规格 2. 石料形状 3. 石料表面加工要求及等级 4. 雕刻种类、深度、面积 5. 砂浆强度等级	m³	以立方米计量,按设计图示尺寸以体积计算	F1-2-139~ F1-2-145
WB020205005	石狮雕刻	1. 石料种类、构件规格 2. 石料表面加工要求及等级 3. 雕刻种类、深度、面积	m³	以立方米计量,按设计图示尺寸以体积计算	F1-2-146
WB020205006	石灯笼	1. 石料种类、构件规格 2. 石料表面加工要求及等级 3. 雕刻种类、深度、面积	m³	以立方米计量,按设计图示尺寸以体积计算	F1-2-147

B.6 石作配件（编码：020206）

项目编码	项目名称	项目特征	计量单位	工程量计算规则	定额指引
020206001	柱顶石	1. 石料种类、构件规格 2. 石料表面加工要求及等级 3. 样式 4. 雕刻种类、形式 5. 打套顶臬眼 6. 砂浆强度等级	个	按设计图示尺寸以数量计算	F1-2-129～ F1-2-132
020206003	礤墩	1. 石料种类、构件规格 2. 石料表面加工要求及等级 3. 砂浆强度等级	个	按设计图示尺寸以数量计算	F1-2-133～ F1-2-136
020206004	坤石	1. 石料种类、构件规格 2. 石料表面加工要求及等级 3. 砂浆强度等级	块	按设计图示尺寸以数量计算	F1-2-138
WB020206014	鼓磴	1. 石料种类、构件规格 2. 石料表面加工要求及等级 3. 形状 4. 雕刻种类、形式	个	按设计图示尺寸以数量计算	F1-2-121～ F1-2-128

B.7 石浮雕及镌字（编码：020207）

项目编码	项目名称	项目特征	计量单位	工程量计算规则	定额指引
020207001	石浮雕	1. 石料种类 2. 浮雕种类、深度 3. 防护材料种类	m²	按雕刻种类的实际雕刻物的底板外框面积以"平方米"计算	F1-2-32～ F1-2-35
020207002	石板镌字	1. 石料种类 2. 镌字式样 3. 字体大小 4. 防护材料种类	个	按镌刻字体种类及字体大小以"个"计算	F1-2-36～ F1-2-44

B.8 石料加工（编码：WB020208）

项目编码	项目名称	项目特征	计量单位	工程量计算规则	定额指引
WB020208001	石料表面加工	1. 石料种类 2. 加工等级 3. 加工位置 4. 形状	m^2	按设计图示尺寸，以加工面以"平方米"计算	F1-2-1～ F1-2-13
WB020208002	筑方加工 （快口）	1. 石料种类 2. 加工等级 3. 加工位置 4. 形状及道数	m	按加工长度以"米"计算	F1-2-14～ F1-2-18
WB020208003	斜坡加工 （坡势）	1. 石料种类 2. 加工等级 3. 加工位置 4. 形状及道数	m	按加工长度以"米"计算	F1-2-19～ F1-2-23
WB020208004	线脚加工	1. 石料种类 2. 加工等级 3. 加工位置 4. 形状及道数	m	按加工长度以"米"计算	F1-2-24～ F1-2-31

附录 D 混凝土及钢筋混凝土工程

D.1 现浇混凝土柱 (编码: 020401)

项目编码	项目名称	项目特征	计量单位	工程量计算规则	定额编号
020401001	矩形柱	1. 断面尺寸 2. 混凝土强度等级 3. 混凝土种类	m³	按设计图示尺寸以"立方米"计算	F2-2-1~F2-2-2
020401002	圆柱 (多边形柱)	1. 断面尺寸 2. 混凝土强度等级 3. 混凝土种类	m³	按设计图示尺寸以"立方米"计算	F2-2-4~F2-2-5
020401003	异形柱	1. 断面尺寸 2. 混凝土强度等级 3. 混凝土种类	m³	按设计图示尺寸以"立方米"计算	F2-2-7~F2-2-8
WB020401008	构造柱	1. 断面尺寸 2. 混凝土强度等级 3. 混凝土种类	m³	按设计图示尺寸以"立方米"计算	F2-2-10

D.2 现浇混凝土梁 (编码: 020402)

项目编码	项目名称	项目特征	计量单位	工程量计算规则	定额编号
020402001	矩形梁	1. 断面尺寸 2. 混凝土强度等级 3. 混凝土种类	m³	按设计图示尺寸以"立方米"计算	F2-2-14~F2-2-15
020402002	圆形梁	1. 断面尺寸 2. 混凝土强度等级 3. 混凝土种类	m³	按设计图示尺寸以"立方米"计算	F2-2-17~F2-2-18
020402003	异形梁	1. 断面尺寸 2. 混凝土强度等级 3. 混凝土种类	m³	按设计图示尺寸以"立方米"计算	F2-2-20~F2-2-21

项目编码	项目名称	项目特征	计量单位	工程量计算规则	定额编号
020402004	拱形、弧形梁	1. 断面尺寸 2. 混凝土强度等级 3. 混凝土种类	m³	按设计图示尺寸以"立方米"计算	F2-2-23～F2-2-24
020402007	老、仔角梁	1. 老、仔角梁冲出长度、翘起高度 2. 混凝土强度等级 3. 混凝土种类	m³	按设计图示尺寸以"立方米"计算	F2-2-27～F2-2-28
020402008	预留部位浇捣	1. 浇捣部位 2. 混凝土强度等级 3. 混凝土种类	m³	按设计图示尺寸以"立方米"计算	F2-2-12

D.3 现浇混凝土桁、枋（编码：020403）

项目编码	项目名称	项目特征	计量单位	工程量计算规则	定额编号
020403001	矩形桁条、梓桁（搁栅、帮脊木、扶脊木）	1. 断面尺寸 2. 混凝土强度等级 3. 混凝土种类	m³	按设计图示尺寸以"立方米"计算	F2-2-30～F2-2-33
020403002	圆形桁条、梓桁（搁栅、帮脊木、扶脊木）	1. 断面尺寸 2. 混凝土强度等级 3. 混凝土种类	m³	按设计图示尺寸以"立方米"计算	F2-2-35～F2-2-38
020403003	枋子	1. 断面尺寸 2. 混凝土强度等级 3. 混凝土种类	m³	按设计图示尺寸以"立方米"计算	F2-2-40～F2-2-41
020403004	连机	1. 断面尺寸 2. 混凝土强度等级 3. 混凝土种类	m³	按设计图示尺寸以"立方米"计算	F2-2-40～F2-2-41

D.4 现浇混凝土板（编码：020404）

项目编码	项目名称	项目特征	计量单位	工程量计算规则	定额编号
020404001	带椽屋面板（椽望板）	1. 板厚、椽折 2. 椽类型、尺寸、间距 3. 混凝土强度等级 4. 混凝土种类	m³	按设计图示尺寸以"立方米"计算	F2-2-43～F2-2-44
020404002	戗翼板	1. 板提栈尺寸 2. 板厚 3. 混凝土强度等级 4. 混凝土种类	m³	按设计图示尺寸以"立方米"计算	F2-2-46～F2-2-47
020404003	无椽屋面板（亭屋面板）	1. 板种类 2. 板厚、椽折 3. 混凝土强度等级 4. 混凝土种类	m³	按设计图示尺寸以"立方米"计算	F2-2-49～F2-2-52

D.5 现浇混凝土其他构件（编码：020405）

项目编码	项目名称	项目特征	计量单位	工程量计算规则	定额编号
020405001	古式栏板	1. 高度尺寸 2. 构件样式 3. 混凝土强度等级 4. 混凝土种类	m	按设计图示尺寸以"延长米"计算	F2-2-54
020405002	古式栏杆	1. 高度尺寸 2. 构件样式 3. 混凝土强度等级 4. 混凝土种类	m	按设计图示尺寸以"延长米"计算	F2-2-56
020405003	鹅颈靠背（吴王靠）	1. 高度尺寸 2. 构件样式 3. 混凝土强度等级 4. 混凝土种类	m	按设计图示尺寸以"延长米"计算	F2-2-58 F2-2-60
020405004	斗拱	1. 构件尺寸 2. 构件类型 3. 混凝土强度等级 4. 混凝土种类	m³	按设计图示尺寸以"立方米"计算	F2 2-62

项目编码	项目名称	项目特征	计量单位	工程量计算规则	定额编号
020405006	古式零件	1. 构件尺寸 2. 构件类型 3. 混凝土强度等级 4. 混凝土种类	m³	按设计图示尺寸以"立方米"计算	F2-2-64
020405007	其他古式构件	1. 构件尺寸 2. 构件类型 3. 混凝土强度等级 4. 混凝土种类	m³	按设计图示尺寸以"立方米"计算	F2-2-66

D.6　预制混凝土柱（编码：020406）

项目编码	项目名称	项目特征	计量单位	工程量计算规则	定额编号
020406001	矩形柱	1. 单件体积 2. 构件类型 3. 混凝土强度等级 4. 混凝土种类 5. 砂浆强度等级	m³	按设计图示尺寸以"立方米"计算	F2-2-72～F2-2-73
020406002	圆形柱	1. 单件体积 2. 构件类型 3. 混凝土强度等级 4. 混凝土种类 5. 砂浆强度等级	m³	按设计图示尺寸以"立方米"计算	F2-2-75～F2-2-76
WB020406008	矩形柱模板	1. 柱断面尺寸 2. 其他	m²	按混凝土与模板的接触面积计算	F2-2-74
WB020406009	圆形柱模板	1. 柱径 2. 其他	m²	按混凝土与模板的接触面积计算	F2-2-77
WB020406010	柱吊装	1. 单件体积 2. 安装高度 3. 其他	m³	按设计图示尺寸以"立方米"计算	F2-2-157
WB020406011	柱灌缝	1. 灌缝部位 2. 混凝土强度等级 3. 混凝土种类 4. 砂浆强度等级	m³	按设计图示尺寸以"立方米"计算	F2-2-170

D.7 预制混凝土梁（编码：020407）

项目编码	项目名称	项目特征	计量单位	工程量计算规则	定额编号
020407001	矩形梁	1. 单件体积 2. 构件类型 3. 混凝土强度等级 4. 混凝土种类 5. 砂浆强度等级	m³	按设计图示尺寸以"立方米"计算	F2-2-78～F2-2-79
020407002	圆形梁	1. 单件体积 2. 构件类型 3. 混凝土强度等级 4. 混凝土种类 5. 砂浆强度等级	m³	按设计图示尺寸以"立方米"计算	F2-2-81～F2-2-82
020407004	老、仔角梁（老嫩戗）	1. 单件体积 2. 构件类型 3. 混凝土强度等级 4. 混凝土种类 5. 砂浆强度等级	m³	按设计图示尺寸以"立方米"计算	F2-2-105
020407005	异形梁	1. 单件体积 2. 构件类型 3. 混凝土强度等级 4. 混凝土种类 5. 砂浆强度等级	m³	按设计图示尺寸以"立方米"计算	F2-2-84～F2-2-85
020407006	拱形梁	1. 单件体积 2. 构件类型 3. 混凝土强度等级 4. 混凝土种类 5. 砂浆强度等级	m³	按设计图示尺寸以"立方米"计算	F2-2-84～F2-2-85
WB020407009	矩形梁模板	1. 梁断面尺寸 2. 其他	m²	按混凝土与模板的接触面积计算	F2-2-80
WB020407010	圆形梁模板	1. 梁断面直径 2. 其他	m²	按混凝土与模板的接触面积计算	F2-2-83
WB020407011	老、仔角梁（老嫩戗）模板	1. 梁断面尺寸 2. 其他	m²	按混凝土与模板的接触面积计算	F2-2-106

项目编码	项目名称	项目特征	计量单位	工程量计算规则	定额编号
WB020407012	拱、异梁模板	1. 梁断面尺寸 2. 其他	m²	按混凝土与模板的接触面积计算	F2-2-86
WB020407013	矩、圆、异形梁及过梁吊装	1. 单件体积 2. 安装高度 3. 其他	m³	按设计图示尺寸以"立方米"计算	F2-2-158～ F2-2-159 F2-2-164
WB020407014	老、仔角梁（老嫩戗）吊装	1. 单件体积 2. 安装高度 3. 其他	m³	按设计图示尺寸以"立方米"计算	F2-2-163
WB020407015	老嫩戗灌缝	1. 灌缝部位 2. 混凝土强度等级 3. 混凝土种类 4. 砂浆强度等级	m³	按设计图示尺寸以"立方米"计算	F2-2-172

D.8 预制混凝土屋架（编码：020408）

项目编码	项目名称	项目特征	计量单位	工程量计算规则	定额编号
020408001	人字屋架	1. 单件体积 2. 构件类型 3. 混凝土强度等级 4. 混凝土种类 5. 砂浆强度等级	m³	按设计图示尺寸以"立方米"计算	F2-2-87
020408002	中式屋架	1. 单件体积 2. 构件类型 3. 混凝土强度等级 4. 混凝土种类 5. 砂浆强度等级	m³	按设计图示尺寸以"立方米"计算	F2-2-89
WB020408003	人字屋架模板	1. 屋架断面尺寸 2. 其他	m²	按混凝土与模板的接触面积计算	F2-2-88
WB020408004	中式屋架模板	1. 屋架断面尺寸 2. 其他	m²	按混凝土与模板的接触面积计算	F2-2-90
WB020408005	屋架吊装	1. 单件体积、尺寸 2. 安装高度 3. 其他	m³	按设计图示尺寸以"立方米"计算	F2-2-160～ F2-2-161

项目编码	项目名称	项目特征	计量单位	工程量计算规则	定额编号
WB020408006	屋架中式灌缝	1. 灌缝部位 2. 混凝土强度等级 3. 混凝土种类 4. 砂浆强度等级	m³	按设计图示尺寸以"立方米"计算	F2-2-171

D.9 预制混凝土桁、枋（编码：020409）

项目编码	项目名称	项目特征	计量单位	工程量计算规则	定额编号
020409001	矩形桁条、梓桁（搁栅、帮脊木、扶脊木）	1. 构件规格、尺寸 2. 构件类型 3. 混凝土强度等级 4. 混凝土种类 5. 砂浆强度等级	m³	按设计图示尺寸以"立方米"计算	F2-2-107
020409002	圆形桁条、梓桁（搁栅、帮脊木、扶脊木）	1. 构件规格、尺寸 2. 构件类型 3. 混凝土强度等级 4. 混凝土种类 5. 砂浆强度等级	m³	按设计图示尺寸以"立方米"计算	F2-2-109
020409003	枋子	1. 构件规格、尺寸 2. 构件类型 3. 混凝土强度等级 4. 混凝土种类 5. 砂浆强度等级	m³	按设计图示尺寸以"立方米"计算	F2-2-121
020409004	连机	1. 构件规格、尺寸 2. 构件类型 3. 混凝土强度等级 4. 混凝土种类 5. 砂浆强度等级	m³	按设计图示尺寸以"立方米"计算	F2-2-121
WB020409006	矩形桁条、梓桁（搁栅、帮脊木、扶脊木）模板	1. 构件断面尺寸 2. 其他	m²	按混凝土与模板的接触面积计算	F2-2-108
WB020409007	圆形桁条、梓桁（搁栅、帮脊木、扶脊木）模板	1. 构件断面尺寸 2. 其他	m²	按混凝土与模板的接触面积计算	F2-2-110

项目编码	项目名称	项目特征	计量单位	工程量计算规则	定额编号
WB020409008	枋子、连机模板	1. 构件断面尺寸 2. 其他	m²	按混凝土与模板的接触面积计算	F2-2-122
WB020409009	矩、圆形桁条、梓桁、枋、连机吊装	1. 单件体积、尺寸 2. 安装高度 3. 其他	m³	按设计图示尺寸以"立方米"计算	F2-2-162

D.10　预制混凝土板（编码：020410）

项目编码	项目名称	项目特征	计量单位	工程量计算规则	定额编号
020410001	椽望板	1. 构件尺寸 2. 构件类型 3. 混凝土强度等级 4. 混凝土种类 5. 砂浆强度等级	m³	按设计图示尺寸以"立方米"计算	F2-2-91
020410002	戗翼板	1. 构件尺寸 2. 构件类型 3. 混凝土强度等级 4. 混凝土种类 5. 砂浆强度等级	m³	按设计图示尺寸以"立方米"计算	F2-2-91
020410003	亭屋面板（斜屋面板）	1. 构件尺寸 2. 构件类型 3. 混凝土强度等级 4. 混凝土种类 5. 砂浆强度等级	m³	按设计图示尺寸以"立方米"计算	F2-2-94
020410004	平板	1. 构件尺寸 2. 构件类型 3. 混凝土强度等级 4. 混凝土种类 5. 砂浆强度等级	m³	按设计图示尺寸以"立方米"计算	F2-2-96～F2-2-97
WB020410005	椽望板模板	1. 板规格、尺寸 2. 椽规格、间距 3. 其他	m²	按混凝土与模板的接触面积计算	F2-2-92

项目编码	项目名称	项目特征	计量单位	工程量计算规则	定额编号
WB020410006	戗翼板模板	1. 板规格、尺寸 2. 板举折 3. 其他	m²	按混凝土与模板的接触面积计算	F2-2-93
WB020410007	亭屋面板（斜屋面板）模板	1. 板规格、尺寸 2. 板举折 3. 其他	m²	按混凝土与模板的接触面积计算	F2-2-95
WB020410008	平板模板	1. 板规格、尺寸 2. 其他	m²	按混凝土与模板的接触面积计算	F2-2-98
WB020410009	椽望板、戗翼板、亭屋面板吊装	1. 单件体积、尺寸 2. 安装高度 3. 其他	m³	按设计图示尺寸以"立方米"计算	F2-2-166
WB020410010	平板吊装	1. 单件体积、尺寸 2. 安装高度 3. 其他	m³	按设计图示尺寸以"立方米"计算	F2-2-165
WB020410011	椽望板、戗翼板灌缝	1. 灌缝部位 2. 混凝土强度等级 3. 混凝土种类 4. 砂浆强度等级	m³	按设计图示尺寸以"立方米"计算	F2-2-174
WB020410012	平板灌缝	1. 灌缝部位 2. 混凝土强度等级 3. 混凝土种类 4. 砂浆强度等级	m³	按设计图示尺寸以"立方米"计算	F2-2-173

D.11　预制混凝土椽子（编码：020411）

项目编码	项目名称	项目特征	计量单位	工程量计算规则	定额编号
020411001	方直形椽子	1. 构件规格、尺寸 2. 混凝土强度等级 3. 混凝土种类 4. 砂浆强度等级	m³	按设计图示尺寸以"立方米"计算	F2-2-111 F2-2-113
020411002	圆直形椽子	1. 构件规格、尺寸 2. 混凝土强度等级 3. 混凝土种类 4. 砂浆强度等级	m³	按设计图示尺寸以"立方米"计算	F2-2-115 F2-2-117

项目编码	项目名称	项目特征	计量单位	工程量计算规则	定额编号
020411003	弯形椽子	1. 构件规格、尺寸 2. 混凝土强度等级 3. 混凝土种类 4. 砂浆强度等级	m³	按设计图示尺寸以"立方米"计算	F2-2-119
WB020411004	方直形椽子模板	1. 椽子规格、尺寸 2. 其他	m²	按混凝土与模板的接触面积计算	F2-2-112 F2-2-114
WB020411005	圆形椽子模板	1. 椽子规格、尺寸 2. 其他	m²	按混凝土与模板的接触面积计算	F2-2-116 F2-2-118
WB020411006	弯形椽子模板	1. 椽子规格、尺寸 2. 其他	m²	按混凝土与模板的接触面积计算	F2-2-120
WB020411007	椽子吊装	1. 单件规格 2. 安装高度 3. 其他	m³	按设计图示尺寸以"立方米"计算	F2-2-162

D.12 预制混凝土其他构件（编码：020412）

项目编码	项目名称	项目特征	计量单位	工程量计算规则	定额编号
020412001	斗拱	1. 斗口尺寸 2. 斗拱类型 3. 混凝土强度等级 4. 混凝土种类 5. 砂浆强度等级	m³	按设计图示尺寸以"立方米"计算	F2-2-123
020412004	其他古式构件	1. 构构中类 2. 构件样式、规格 3. 混凝土强度等级 4. 混凝土种类 5. 砂浆强度等级	m³	按设计图示尺寸以"立方米"计算	F2-2-103
020412005	地面块（砖）	1. 构件规格、尺寸 2. 构件类型 3. 混凝土强度等级 4. 混凝土种类 5. 砂浆强度等级	m³	按设计图示尺寸以"立方米"计算	F2-2-132 F2-2-134 F2-2-136

项目编码	项目名称	项目特征	计量单位	工程量计算规则	定额编号
020412006	假方砖（块）	1. 构件规格、尺寸 2. 构件类型 3. 混凝土强度等级 4. 混凝土种类 5. 砂浆强度等级	m³	按设计图示尺寸以"立方米"计算	F2-2-138
020412007	挂落	1. 构件规格、尺寸 2. 构件类型 3. 混凝土强度等级 4. 混凝土种类 5. 砂浆强度等级	m	按设计图示尺寸以"米"计算	F2-2-125
020412010	花格窗（花格芯）	1. 构件尺寸 2. 构件类型 3. 混凝土强度等级 4. 混凝土种类 5. 砂浆强度等级	m²	按设计图示尺寸以"平方米"计算	F2-2-99～F2-2-100
020412011	预制栏杆件	1. 构件规格、尺寸 2. 构件类型 3. 混凝土强度等级 4. 混凝土种类 5. 砂浆强度等级	m³/m²	按设计图示尺寸以"立方米"或按投影面积以"平方米"计算	F2-2-101 F2-2-127
020412012	预制鹅颈靠背件（吴王靠）	1. 构件规格、尺寸 2. 构件类型 3. 混凝土强度等级 4. 混凝土种类 5. 砂浆强度等级	m²	按设计图示尺寸投影面积以"平方米"计算	F2-2-129
WB020412013	斗拱模板	1. 斗拱种类 2. 斗口尺寸	m³	按设计图示尺寸以"立方米"计算	F2-2-124
WB020412014	其他古式构件模板	1. 构件种类、样式 2. 构件尺寸	m²	按设计图示尺寸以"平方米"计算	F2-2-104
WB020412015	地面块（砖）模板	1. 构件种类、样式 2. 构件尺寸	m²	按设计图示尺寸以"平方米"计算	F2-2-133 F2-2-135 F2-2-137
WB020412016	假方砖（块）模板	1. 构件种类、样式 2. 构件尺寸	m²	按设计图示尺寸以"平方米"计算	F2-2-139

项目编码	项目名称	项目特征	计量单位	工程量计算规则	定额编号
WB020412017	挂落模板	1. 构件种类、样式 2. 构件尺寸	m	按设计图示尺寸以"米"计算	F2-2-126
WB020412018	花格窗（花格芯）模板	1. 构件种类、样式 2. 构件尺寸	m²/m³	按设计图示尺寸以"平方米"或"立方米"计算	F2-2-104 F2-2-131
WB020412019	预制栏杆件模板	1. 构件种类、样式 2. 构件尺寸	m²	按设计图示尺寸以"平方米"或按投影面积以"平方米"计算	F2-2-102 F2-2-128
WB020412020	预制鹅颈靠背件（吴王靠）模板	1. 构件种类、样式 2. 构件尺寸	m²	按设计图示尺寸投影面积以"平方米"计算	F2-2-130
WB020412021	斗拱、梁垫、云头、短机等小型构件吊装	1. 单件体积 2. 安装高度 3. 其他	m³	按设计图示尺寸以"立方米"计算	F2-2-167～F2-2-168
WB020412022	挂落吊装	1. 单件规格 2. 安装高度 3. 其他	m	按设计图示尺寸以"米"计算	F2-2-169
WB020412023	斗拱、梁垫、云头、短机等小型构件灌缝	1. 灌缝部位 2. 混凝土强度等级 3. 混凝土种类 4. 砂浆强度等级	m³	按设计图示尺寸以"立方米"计算	F2-2-175
WB020412024	挂落灌缝	1. 灌缝部位 2. 混凝土强度等级 3. 混凝土种类 4. 砂浆强度等级	m	按设计图示尺寸以"米"计算	F2-2-176

D. 13　钢筋工程（编码：WB020413）

项目编码	项目名称	项目特征	计量单位	工程量计算规则	定额指引
WB020413001	现浇钢筋	1. 钢筋品种 2. 钢筋规格 3. 安装部位	t	按设计图示数量以"吨"计算	F2-2-140～F2-2-142 F2-2-148～F2-2-149 F2-2-154～F2-2-155

项目编码	项目名称	项目特征	计量单位	工程量计算规则	定额指引
WB020413002	预制钢筋	1. 钢筋品种	t	按设计图示数量以"吨"计算	F2-2-143～F2-2-144
		2. 钢筋规格			
		3. 安装部位			F2-2-154～F2-2-155
WB020413003	钢丝网	1. 钢丝网品种	m²/m	按设计图示尺寸以"平方米"或"米"计算	F2-2-145～F2-2-147
		2. 钢丝网孔规格			
		3. 安装部位			
WB020413004	铁件	1. 铁件材质	t	按设计图示数量以"吨"计算	F2-2-150
		2. 铁件尺寸			
		3. 安装部位			F2-2-156
WB020413005	钢筋接头	1. 钢筋品种	个	按设计图示数量以"个"计算	F2-2-151～F2-2-153
		2. 钢筋规格			
		3. 接头类型			

D.14　构件、制品场外运输（编码：WB020414）

项目编码	项目名称	项目特征	计量单位	工程量计算规则	定额指引
WB020414001	混凝土构件运输	1. 种类、单件体积	m³	按设计图示尺寸以"立方米"计算	F2-2-177～F2-2-181
		2. 单件质量			
		3. 构件运距			
WB020414002	成型钢筋运输	1. 钢筋尺寸	t	按设计图示数量以"吨"计算	F2-2-182～F2-2-183
		2. 钢筋种类			
		3. 构件运距			
WB020414003	零星金属构件运输	1. 种类、单件体积	m³	按设计图示尺寸以"立方米"计算	F2-2-184～F2-2-187
		2. 单件质量			
		3. 构件运距			
WB020414004	大金砖、城砖（加工后）运输	1. 砖种类	百块	按设计图示数量以"块"计算	F2-2-188～F2-2-191
		2. 砖规格			
		3. 构件运距			
WB020414005	方砖运输	1. 砖种类	百块	按设计图示数量以"块"计算	F2-2-192～F2-2-195
		2. 砖规格			
		3. 构件运距			

项目编码	项目名称	项目特征		计量单位	工程量计算规则	定额指引
WB020414006	望砖等其他砖件或砖细构件运输	1. 砖种类		百块	按设计图示数量以"块"计算	F2-2-196～F2-2-199
		2. 砖规格				
		3. 构件运距				
WB020414007	石构件（加工后）运输	1. 构件种类、规格		m³	按设计图示尺寸以"立方米"计算	F2-2-200～F2-2-203
		2. 单件质量				
		3. 构件运距				
WB020414008	花岗岩栏板、柱头等运输	1. 构件规格		m³	按设计图示尺寸以"立方米"计算	F2-2-204～F2-2-207
		2. 单件质量				
		3. 构件运距				
WB020414009	木构件运输	1. 构件种类、规格		m³	按设计图示尺寸以"立方米"计算	F2-2-208～F2-2-211
		2. 单件质量				
		3. 构件运距				
WB020414010	门窗运输	1. 门窗种类		m²	按设计图示尺寸以"平方米"计算	F2-2-212～F2-2-215
		2. 门窗规格				
		3. 构件运距				

附录 E 木作工程

E.1 柱（编码：020501）

项目编码	项目名称	项目特征	计量单位	工程量计算规则	定额指引
020501001	圆柱	1. 构件名称、类别 2. 断面形状、规格 3. 木材品种 4. 制作工艺	m³	按设计图示尺寸以"立方米"计算	F1-4-1～F1-4-9 F1-4-15
020501002	多角柱	1. 构件名称、类别 2. 断面形状、规格 3. 木材品种 4. 制作工艺	m³	按设计图示尺寸以"立方米"计算	F1-4-17
020501003	方柱	1. 构件名称、类别 2. 断面形状、规格 3. 木材品种 4. 制作工艺	m³	按设计图示尺寸以"立方米"计算	F1-4-10～F1-4-14 F1-4-16

E.2 梁（编码：020502）

项目编码	项目名称	项目特征	计量单位	工程量计算规则	定额指引
020502001	圆梁	1. 构件名称、类别 2. 断面形状、规格 3. 木材品种 4. 制作工艺	m³	按设计图示尺寸以"立方米"计算	F1-4-18～F1-4-21

E.3 桁（檩）、枋、替木（连机）（编码：020503）

项目编码	项目名称	项目特征	计量单位	工程量计算规则	定额指引
020503001	圆桁（檩）	1. 构件名称、类别 2. 断面形状、规格 3. 木材品种 4. 制作工艺	m³	按设计图示尺寸以"立方米"计算	F1-4-26～F1-4-41

项目编码	项目名称	项目特征	计量单位	工程量计算规则	定额指引
020503002	方桁（檩）	1. 构件名称、类别 2. 断面形状、规格 3. 木材品种 4. 制作工艺	m³	按设计图示尺寸以"立方米"计算	F1-4-42～F1-4-47
020503003	替木（连机）	1. 构件名称、类别 2. 断面形状、规格 3. 木材品种 4. 制作工艺	m³	按设计图示尺寸以"立方米"计算	F1-4-48～F1-4-49
020503005	平板枋（枋子、斗盘枋）	1. 构件名称、类别 2. 断面形状、规格 3. 木材品种 4. 制作工艺	m³	按设计图示尺寸以"立方米"计算	F1-4-22～F1-4-25
020503008	扶脊林	1. 构件名称、类别 2. 断面形状、规格 3. 木材品种 4. 制作工艺	m³	按设计图示尺寸以"立方米"计算	F1-4-50

E.4 搁栅（编码：020504）

项目编码	项目名称	项目特征	计量单位	工程量计算规则	定额指引
020504001	圆搁栅	1. 构件名称、类别 2. 断面形状、规格 3. 木材品种 4. 制作工艺 5. 其他	m³	按设计图示尺寸以"立方米"计算	F1-4-54～F1-4-56
020504002	方搁栅	1. 构件名称、类别 2. 断面形状、规格 3. 木材品种 4. 制作工艺 5. 其他	m³	按设计图示尺寸以"立方米"计算	F1-4-51～F1-4-53

E.5 椽 （编码：020505）

项目编码	项目名称	项目特征	计量单位	工程量计算规则	定额指引
020505001	圆及荷包形椽	1. 构件名称、类别 2. 断面形状、规格 3. 木材品种 4. 制作工艺 5. 其他	m³	按设计图示尺寸以"立方米"计算	F1-4-60～F1-4-61
020505002	矩形椽	1. 构件名称、类别 2. 断面形状、规格 3. 木材品种 4. 制作工艺 5. 其他	m³	按设计图示尺寸以"立方米"计算	F1-4-57～F1-4-59
020505003	矩形罗锅（轩）椽	1. 构件名称、类别 2. 断面形状、规格 3. 木材品种 4. 制作工艺 5. 其他	m³	按设计图示尺寸以"立方米"计算	F1-4-65～F1-4-67 F1-4-71～F1-4-73
020505004	圆形椽	1. 构件名称、类别 2. 断面形状、规格 3. 木材品种 4. 制作工艺 5. 其他	m³	按设计图示尺寸以"立方米"计算	F1-4-62～F1-4-64
020505005	圆形罗锅（轩）椽	1. 构件名称、类别 2. 断面形状、规格 3. 木材品种 4. 制作工艺 5. 其他	m³	按设计图示尺寸以"立方米"计算	F1-4-68～F1-4-70
020505006	茶壶挡椽	1. 构件名称、类别 2. 断面形状、规格 3. 木材品种 4. 制作工艺 5. 其他	m³	按设计图示尺寸以"立方米"计算	F1-4-74～F1-4-76

项目编码	项目名称	项目特征	计量单位	工程量计算规则	定额指引
020505007	矩形飞椽	1. 构件名称、类别 2. 断面形状、规格 3. 木材品种 4. 制作工艺 5. 其他	m³	按设计图示尺寸以"立方米"计算	F1-4-77～F1-4-79
020505008	翘飞椽 (立脚飞椽)	1. 构件名称、类别 2. 断面形状、规格 3. 木材品种 4. 制作工艺 5. 其他	m³	按设计图示尺寸以"立方米"计算	F1-4-103～F1-4-106
020505009	圆飞椽	1. 构件名称、类别 2. 断面形状、规格 3. 木材品种 4. 制作工艺 5. 其他	m³	按设计图示尺寸以"立方米"计算	F1-4-80～F1-4-82
020505010	圆形翼角椽 (摔网椽)	1. 构件名称、类别 2. 断面形状、规格 3. 木材品种 4. 制作工艺 5. 其他	m³	按设计图示尺寸以"立方米"计算	F1-4-95～F1-4-98
020505011	矩形翼角椽 (摔网椽)	1. 构件名称、类别 2. 断面形状、规格 3. 木材品种 4. 制作工艺 5. 其他	m³	按设计图示尺寸以"立方米"计算	F1-4-99～F1-4-102

E.6 戗角（编码：020506）

项目编码	项目名称	项目特征	计量单位	工程量计算规则	定额指引
020506001	老角梁、由戗	1. 构件名称、类别 2. 断面形状、规格 3. 木材品种 4. 制作工艺 5. 其他	m³	按设计图示尺寸以"立方米"计算	F1-4-83～F1-4-86

项目编码	项目名称	项目特征	计量单位	工程量计算规则	定额指引
020506002	仔角梁	1. 构件名称、类别 2. 断面形状、规格 3. 木材品种 4. 制作工艺 5. 其他	m³	按设计图示尺寸以"立方米"计算	F1-4-87~F1-4-90
020506005	菱角木（龙径木）	1. 构件名称、类别 2. 断面形状、规格 3. 木材品种 4. 制作工艺 5. 其他	m²	按设计图示尺寸以"立方米"计算	F1-4-125~F1-4-128
020506006	戗山木	1. 构件名称、类别 2. 断面形状、规格 3. 木材品种 4. 制作工艺 5. 其他	m³	按设计图示尺寸以"立方米"计算	F1-4-91~F1-4-94
020506007	千斤梢	1. 构件名称、类别 2. 断面形状、规格 3. 木材品种 4. 制作工艺 5. 其他	个	以实际数量按"个"计算	F1-4-129~F1-4-130
020506008	弯大连檐、里口木	1. 构件名称、类别 2. 断面形状、规格 3. 木材品种 4. 制作工艺 5. 其他	m³	按设计图示尺寸以"立方米"计算	F1-4-107~F1-4-110
020506009	弯小连檐（弯眼沿）	1. 构件名称、类别 2. 断面形状、规格 3. 木材品种 4. 制作工艺 5. 其他	m	按设计长度以"延长米"计算	F1-4-111~F1-4-114
020506010	弯封檐板（弯风沿板）	1. 构件名称、类别 2. 断面形状、规格 3. 木材品种 4. 制作工艺 5. 其他	m	按设计长度以"延长米"计算	F1-4-115~F1-4-118

项目编码	项目名称	项目特征	计量单位	工程量计算规则	定额指引
020506011	翼角檐椽望板	1. 构件名称、类别 2. 断面形状、规格 3. 木材品种 4. 制作工艺 5. 其他	m²	按设计图示尺寸以"平方米"计算	F1-4-119～F1-4-120
020506013	鳖壳板	1. 构件名称、类别 2. 断面形状、规格 3. 木材品种 4. 制作工艺 5. 其他	m²	按设计图示尺寸以"平方米"计算	F1-4-122～F1-4-124
020506014	戗角清水望板	1. 构件名称、类别 2. 断面形状、规格 3. 木材品种 4. 制作工艺 5. 其他	m²	按设计图示尺寸以"平方米"计算	F1-4-121

E.7　斗拱（编码：020507）

项目编码	项目名称	项目特征	计量单位	工程量计算规则	定额指引
020507001	平身科斗拱	1. 构件名称、类别	座	以"座"计算	F1-4-133
		2. 斗拱规格			F1-4-136
		3. 木材品种			
		4. 制作工艺			F1-4-138
		5. 其他			F1-4-140
020507002	柱头科斗拱	1. 构件名称、类别	座	以"座"计算	F1-4-132
		2. 斗拱规格			F1-4-135
		3. 木材品种			
		4. 制作工艺			F1-4-137
		5. 其他			F1-4-139

项目编码	项目名称	项目特征	计量单位	工程量计算规则	定额指引
020507005	其他斗拱	1. 构件名称、类别 2. 斗拱规格 3. 木材品种 4. 制作工艺 5. 其他	座	以"座"计算	F1-4-131 F1-4-134
020507006	斗拱 (柱头座斗)	1. 构件名称、类别 2. 斗拱规格 3. 木材品种 4. 制作工艺 5. 其他	m³	按设计图示尺寸以"立方米"计算	F1-4-141～F1-4-144

E.8 木作配件 (编码: 020508)

项目编码	项目名称	项目特征	计量单位	工程量计算规则	定额指引
020508001	枕头木	1. 构件名称、类别 2. 斗拱规格 3. 木材品种 4. 制作工艺 5. 其他	m³	按设计图示尺寸以"立方米"计算	F1-4-145
020508002	梁垫	1. 构件名称、类别 2. 断面形状、规格 3. 木材品种 4. 制作工艺 5. 其他	副	以"副"或"只"计算	F1-4-146
020508003	山雾云	1. 构件名称、类别 2. 断面形状、规格 3. 木材品种 4. 制作工艺 5. 其他	副	以"副"或"只"计算	F1-4-147
020508005	枫拱(樟木)	1. 构件名称、类别 2. 断面形状、规格 3. 木材品种 4. 制作工艺 5. 其他	副	以"副"或"只"计算	F1-4-148

项目编码	项目名称	项目特征	计量单位	工程量计算规则	定额指引
020508006	水浪机	1. 构件名称、类别 2. 断面形状、规格 3. 木材品种 4. 制作工艺 5. 其他	副	以"副"或"只"计算	F1-4-149
020508007	光面（短）机	1. 构件名称、类别 2. 断面形状、规格 3. 木材品种 4. 制作工艺 5. 其他	副	以"副"或"只"计算	F1-4-150
020508008	丁头拱（蒲鞋头）	1. 构件名称、类别 2. 断面形状、规格 3. 木材品种 4. 制作工艺 5. 其他	副	以"副"或"只"计算	F1-4-151
020508009	角云、捧（抱）梁云	1. 构件名称、类别 2. 断面形状、规格 3. 木材品种 4. 制作工艺 5. 其他	副	以"副"或"只"计算	F1-4-152
020508016	大连檐（里口木）	1. 构件名称、类别 2. 断面形状、规格 3. 木材品种 4. 制作工艺 5. 其他	m	以"延长米"计算	F1-4-153
020508017	小连檐（眼沿、勒望）	1. 构件名称、类别 2. 断面形状、规格 3. 木材品种 4. 制作工艺 5. 其他	m	以"延长米"计算	F1-4-156
020508018	瓦口板	1. 构件名称、类别 2. 断面形状、规格 3. 木材品种 4. 制作工艺 5. 其他	m	以"延长米"计算	F1-4-155

项目编码	项目名称	项目特征		计量单位	工程量计算规则	定额指引
020508019	封檐（沿）板	1. 构件名称、类别		m	以"延长米"计算	F1-4-154
		2. 断面形状、规格				
		3. 木材品种				
		4. 制作工艺				
		5. 其他				
020508020	闸挡（椽）板	1. 构件名称、类别		m	以"延长米"计算	F1-4-158
		2. 断面形状、规格				
		3. 木材品种				
		4. 制作工艺				
		5. 其他				
020508021	椽碗板	1. 构件名称、类别		m	以"延长米"计算	F1-4-157
		2. 断面形状、规格				
		3. 木材品种				
		4. 制作工艺				
		5. 其他				
020508024	柁档、排疝（山）填板	1. 构件名称、类别		m²	按设计图示尺寸以"平方米"计算	F1-4-161～F1-4-162
		2. 断面形状、规格				
		3. 木材品种				
		4. 制作工艺				
		5. 其他				
020508025	清水望板	1. 构件名称、类别		m²	按设计图示尺寸以"平方米"计算	F1-4-163
		2. 断面形状、规格				
		3. 木材品种				
		4. 制作工艺				
		5. 其他				
020508026	栏杆封板（裙板）	1. 构件名称、类别		m²	按展开面面积以"平方米"计算	F1-4-164
		2. 断面形状、规格				
		3. 木材品种				
		4. 制作工艺				
		5. 其他				
WB020508032	垫拱板（拱垫板）	1. 构件名称、类别		m²	按设计图示尺寸以"平方米"计算	F1-4-160
		2. 断面形状、规格				
		3. 木材品种				
		4. 制作工艺				
		5. 其他				

项目编码	项目名称	项目特征	计量单位	工程量计算规则	定额指引
WB020508033	夹堂板	1. 构件名称、类别 2. 断面形状、规格 3. 木材品种 4. 制作工艺 5. 其他	m	按设计图示尺寸以"延长米"计算	F1-4-159

E.9 古式木门、窗（编码：020509）

项目编码	项目名称	项目特征	计量单位	工程量计算规则	定额指引
020509001	槅扇（长窗）	1. 窗芯类型、样式 2. 框边挺、芯子截面规格 3. 木材品种 4. 制作工艺 5. 其他	m²	按扇面面积以"平方米"计算	F1-4-167～F1-4-170 F1-4-181～F1-4-183
020509002	槛扇（短窗）	1. 窗芯类型、样式 2. 框边挺、芯子截面规格 3. 木材品种 4. 制作工艺 5. 其他	m²	按扇面面积以"平方米"计算	F1-4-171～F1-4-174 F1-4-184～F1-4-186
020509005	什锦（多宝）窗、（多角、圆形窗）	1. 窗芯类型、样式 2. 框边挺、芯子截面规格 3. 木材品种 4. 制作工艺 5. 其他	m²	按扇面面积以"平方米"计算	F1-4-175～F1-4-178
020509006	古式纱窗扇	1. 窗芯类型、样式 2. 框边挺、芯子截面规格 3. 木材品种 4. 制作工艺 5. 其他	m²	按扇面面积以"平方米"计算	F1-4-179～F1-4-180
020509007	门窗框、槛、抱框	1. 窗名称、类别 2. 窗安装位置 3. 木材品种 4. 其他	m²	按外框面积计算	F1-4-187～F1-4-191 F1-4-192～F1-4-196

项目编码	项目名称	项目特征	计量单位	工程量计算规则	定额指引
020509009	将军门	1. 门类型、样式 2. 框边挺截面规格、板厚度 3. 木材品种 4. 制作工艺 5. 其他	m²	按扇面面积以"平方米"计算	F1-4-205～F1-4-206
020509013	直拼库门	1. 门类型、样式 2. 框边挺截面规格、板厚度 3. 木材品种 4. 制作工艺 5. 其他	m²/m	按扇面面积以"平方米"或以"米"计算	F1-4-197～F1-4-198
020509014	贡式橙门	1. 门类型、样式 2. 框边挺截面规格、板厚度 3. 木材品种 4. 制作工艺 5. 其他	m²	按扇面面积以"平方米"计算	F1-4-199～F1-4-200
020509015	直拼屏门	1. 门类型、样式 2. 框边挺截面规格、板厚度 3. 木材品种 4. 制作工艺 5. 其他	m²	按扇面面积以"平方米"计算	F1-4-201～F1-4-204
020509016	将军门刺	1. 门类型、样式 2. 构件材质、规格 3. 制作工艺 4. 其他	个	按图示数量以"个"计算	F1-4-207
020509017	将军门竹丝	1. 门类型、样式 2. 构件材质、规格 3. 制作工艺 4. 其他	m²	按门扇面积"平方米"计算	F1-4-208
020509020	门头板、余塞板	1. 构件名称、类别 2. 断面形状、规格 3. 木材品种 4. 制作工艺 5. 其他	m²	按设计图示尺寸以"平方米"计算	F1-4-165～F1-4-166

E.10 古式栏杆（编码：020510）

项目编码	项目名称	项目特征	计量单位	工程量计算规则	定额指引
020510001	古式栏杆	1. 栏杆类型、样式 2. 框芯截面尺寸 3. 木材品种 4. 其他	m²	按设计图示尺寸以"平方米"计算	F1-4-209～F1-4-212
020510004	坐凳面（座槛）	1. 座槛类型、样式 2. 板厚度 3. 木材品种 4. 制作工艺	m²	按设计图示尺寸以"平方米"计算	F1-4-214
020510005	雨达板	1. 雨达板样式 2. 板厚度 3. 木材品种 4. 制作工艺	m²	按设计图示尺寸以"平方米"计算	F1-4-213

E.11 鹅颈靠背（吴王靠）、楣子（挂落）、飞罩等（编码：020511）

项目编码	项目名称	项目特征	计量单位	工程量计算规则	定额指引
020511001	鹅颈靠背 （吴王靠）	1. 构件名称、类别 2. 断面形状、规格 3. 木材品种 4. 制作工艺 5. 其他	m	按长度方向以"延长米"计算	F1-4-226～F1-4-228 F1-4-242
020511002	倒挂楣子 （挂落）	1. 构件名称、类别 2. 断面形状、规格 3. 木材品种 4. 制作工艺 5. 其他	m	按长度方向以"延长米"计算	F1-4-229～F1-4-231 F1-4-243
020511003	飞罩	1. 构件名称、类别 2. 断面形状、规格 3. 木材品种 4. 制作工艺 5. 其他	m	按长度方向以"延长米"计算	F1-4-232～F1-4-235 F1-4-244

项目编码	项目名称	项目特征	计量单位	工程量计算规则	定额指引
020511004	落地圆罩	1. 构件名称、类别 2. 断面形状、规格 3. 木材品种 4. 制作工艺 5. 其他	m	按长度方向以"延长米"计算	F1-4-238～F1-4-239 F1-4-245
020511005	落地方罩	1. 构件名称、类别 2. 断面形状、规格 3. 木材品种 4. 制作工艺 5. 其他	m	按长度方向以"延长米"计算	F1-4-240～F1-4-241 F1-4-246
020511006	须弥座	1. 构件名称、类别 2. 断面形状、规格 3. 木材品种 4. 制作工艺 5. 其他	座	按图示数量以"座"计算	F1-4-236～F1-4-237

E.12 天花及其他装饰（编制：020512）

项目编码	项目名称	项目特征	计量单位	工程量计算规则	定额指引
WB020512005	井口天花	1. 天棚类形 2. 天棚形状、规格 3. 小配件种类 4. 其他	m²	按净面积以"平方米"计算	F1-4-215～F1-4-217
WB020512006	五胶板天棚、紫竹天棚	1. 天棚类形 2. 天棚形状、规格 3. 小配件种类 4. 其他	m²	按净面积以"平方米"计算	F1-4-218～F1-4-219

E. 13 匾额、楹联（编码：020513）

项目编码	项目名称	项目特征	计量单位	工程量计算规则	定额指引
020513001	匾额	1. 外形尺寸、板厚度 3. 木材种类 4. 防护材料种类、涂刷遍数 5. 字体及大小 6. 刻字深度 7. 填字材料及色彩	m²	按净面积以"平方米"计算	F1-4-220～F1-4-221
020513002	楹联（对子）	1. 外形尺寸、板厚度 3. 木材种类 4. 防护材料种类、涂刷遍数 5. 字体及大小 6. 刻字深度 7. 填字材料及色彩	个	按"个"计算	F1-4-222～F1-4-225

附录 F 屋面工程

F.1 小青瓦屋面（编码：020601）

项目编码	项目名称	项目特征	计量单位	工程量计算规则	定额指引
020601001	铺望砖	1. 加工等级 2. 加工位置 3. 加工形状	m²	按屋面飞椽头或封檐口图示尺寸的投影面积乘以屋面坡度系数，扣除椽网椽板、勒望板面积，以"平方米"计算	F1-3-1～F1-3-5
020601003	小青瓦屋面	1. 屋面种类 2. 材料规格 3. 座浆配比及强度等级 4. 基层材料种类	m²	屋面铺瓦按飞椽头或封檐口图示尺寸的投影面积乘以屋面坡度系数以"平方米"计算	F1-3-11～F1-3-15
WB020601004	蝴蝶瓦屋面	1. 屋面种类 2. 材料规格 3. 座浆配比及强度等级 4. 基层材料种类	m²	屋面铺瓦按飞椽头或封檐口图示尺寸的投影面积乘以屋面坡度系数以"平方米"计算	F1-3-6～F1-3-10
WB020601005	蝴蝶瓦脊	1. 屋脊种类 2. 屋脊材料 3. 屋脊位置 4. 屋脊规格 5. 屋脊形状	m	1. 正脊、回脊按图示尺寸扣除屋脊头，以"延长米"计算； 2. 云墙屋脊按弧形长度以"延长米"计算； 3. 竖带、环抱脊按屋面坡度以"延长米"计算	F1-3-22～F1-3-25
WB020601006	板瓦叠脊	1. 屋脊种类 2. 屋脊材料 3. 屋脊位置 4. 屋脊规格 5. 屋脊形状	m	1. 正脊、回脊按图示尺寸扣除屋脊头，以"延长米"计算； 2. 云墙屋脊按弧形长度以"延长米"计算； 3. 竖带、环抱脊按屋面坡度以"延长米"计算	F1-3-48～F1-3-49

F.2 筒瓦屋面（编码：020602）

项目编码	项目名称	项目特征	计量单位	工程量计算规则	定额指引
020602001	筒瓦屋面	1. 屋面种类 2. 材料规格 3. 座浆配合比及强度等级 4. 基层材料种类	m²	屋面铺瓦按飞椽头或封檐口图示尺寸的投影面积乘以屋面坡度系数以"平方米"计算	F1-3-16～F1-3-21
020602003	滚筒脊	1. 屋脊种类 2. 屋脊材料 3. 屋脊位置 4. 屋脊规格 5. 屋脊形状	m	1. 正脊、回脊按图示尺寸扣除屋脊头，以"延长米"计算； 2. 云墙屋脊按弧形长度以"延长米"计算； 3. 竖带、环抱脊按屋面坡度以"延长米"计算	F1-3-26～F1-3-27
020602005	滚筒戗脊	1. 屋脊种类 2. 屋脊材料 3. 屋脊位置 4. 屋脊规格 5. 屋脊形状	条	按设计图示尺寸自戗头至戗榫网椽根部弧形长度，以"条"计算	F1-3-35～F1-3-39
020602007	围墙瓦顶	1. 瓦材种类 2. 瓦材规格 3. 落水形式 4. 瓦顶形状	m	按图示尺寸以"延长米"计算	F1-3-53～F1-3-63
020602008	筒瓦排山	1. 瓦材种类 2. 瓦材规格	m	按图示尺寸以"延长米"计算	F1-3-69
020602009	檐头（口）附件	1. 瓦材种类 2. 瓦材规格	m	按图示尺寸以"延长米"计算	F1-3-70～F1-3-76
020602010	斜沟、泛水	1. 材料种类 2. 材料规格 3. 排水方式	m	按水平长度乘以坡度系数以"延长米"计算	F1-3-77～F1-3-79
020602011	屋脊头、吞头	1. 屋脊头种类 2. 屋脊头规格	只	按"只"或"座"计算	F1-3-80～F1-3-108
020602014	宝顶	1. 宝顶类型 2. 规格尺寸	座	按"座"计算	F1-3-109～F1-3-110

项目编码	项目名称	项目特征	计量单位	工程量计算规则	定额指引
WB020602016	筒瓦脊	1. 屋脊种类 2. 屋脊材料 3. 屋脊位置 4. 屋脊规格 5. 屋脊形状	m	1. 正脊，回脊按图示尺寸扣除屋脊头，以"延长米"计算； 2. 云墙屋脊按弧形长度以"延长米"计算； 3. 竖带、环抱脊按屋面坡度以"延长米"计算	F1-3-28～F1-3-34
WB020602017	环抱脊	1. 屋脊种类 2. 屋脊材料 3. 屋脊位置 4. 屋脊规格 5. 屋脊形状	m	1. 正脊，回脊按图示尺寸扣除屋脊头，以"延长米"计算； 2. 云墙屋脊按弧形长度以"延长米"计算； 3. 竖带、环抱脊按屋面坡度以"延长米"计算	F1-3-40
WB020602018	花砖脊	1. 屋脊种类 2. 屋脊材料 3. 屋脊位置 4. 屋脊规格 5. 屋脊形状	m	1. 正脊，回脊按图示尺寸扣除屋脊头，以"延长米"计算； 2. 云墙屋脊按弧形长度以"延长米"计算； 3. 竖带、环抱脊按屋面坡度以"延长米"计算	F1-3-41～F1-3-47
WB020602019	钢混凝土正、垂脊定型砖正、垂脊标准砖正、垂脊	1. 屋脊种类 2. 屋脊材料 3. 屋脊位置 4. 屋脊规格 5. 屋脊形状	m	1. 正脊，回脊按图示尺寸扣除屋脊头，以"延长米"计算； 2. 云墙屋脊按弧形长度以"延长米"计算； 3. 竖带、环抱脊按屋面坡度以"延长米"计算	F1-3-50～F1-3-52
WB020602020	徽派马头墙顶	脊头种类	座	按"座"计算	F1-3-64～F1-3-66
WB020602021	徽派马头墙垣做脊画墨	出挑线脚道数瓦顶单双面位置分类	m	以"延长米"计算	F1-3-67～F1-3-68

F.3 琉璃瓦屋面（编码：020603）

项目编码	项目名称	项目特征	计量单位	工程量计算规则	定额指引
020603001	琉璃瓦屋面	1. 屋面种类 2. 瓦材规格 3. 座浆配合比及强度等级 4. 基层材料种类	m²	屋面铺瓦按飞椽头或封檐口图示尺寸的投影面积乘以屋面坡度系数以"平方米"计算，同时扣除勾头、滴水所占的面积	F1-3-111～F1-3-123
020603003	琉璃屋脊	1. 屋脊类型 2. 屋脊位置 3. 屋脊规格	m	按设计图示尺寸以"延长米"计算	F1-3-124～F1-3-135
020603004	琉璃瓦檐头（口）附件	1. 瓦材种类 2. 瓦材规格	m	按设计图示尺寸以"延长米"计算	F1-3-136～F1-3-140
020603005	琉璃瓦斜沟	1. 瓦材种类 2. 瓦材规格	m	按设计图示尺寸以"延长米"计算	F1-3-141
020603006	琉璃瓦排山	1. 瓦材种类 2. 瓦材规格	m	按设计图示尺寸以"延长米"计算	F1-3-144～F1-3-147
020603007	琉璃吻	1. 吻种类 2. 吻规格	座	以"座"计算	F1-3-148～F1-3-159
020603008	琉璃包头脊	1. 脊种类 2. 脊规格	座	以"座"计算	F1-3-160～F1-3-161
020603009	琉璃翘角头	1. 翘角种类 2. 翘角规格	座	以"座"计算	F1-3-162
020603010	琉璃套兽	1. 套兽种类 2. 套兽规格	座	以"座"计算	F1-3-163
020603011	琉璃宝顶	1. 宝顶种类 2. 宝顶规格	座	以"座"计算	F1-3-164～F1-3-165
020603012	琉璃走兽	1. 走兽种类 2. 走兽规格	只	以"只"计算	F1-3-166
WB020603013	过桥脊	1. 脊种类 2. 脊规格	m	按展开以"延长米"计算	F1-3-142～F1-3-143
WB020603014	琉璃花窗	1. 构件位置 2. 规格	m²	以外框尺寸按面积计算	F1-3-167

附录 G 地面工程

G.1 细墁地面（编码：020701）

项目编码	项目名称	项目特征	计量单位	工程量计算规则	定额指引
020701001	细墁方砖	1. 铺设部位 2. 铺设地面形状 3. 方砖规格 4. 甬道交叉、转角砖缝分位等式样 5. 垫层材料种类、厚度 6. 结合层材料种类、厚度 7. 嵌缝材料种类 8. 防护材料种类	m²	按设计图示以面积计算，不扣除礓磜石（柱顶石）、垛、柱、佛像底座、间壁墙、附墙烟囱以及面积≤0.3m² 的孔洞所占面积	F1-1-41～F1-1-47

附录 J 油漆彩画工程

J.3 上下架构件油漆（编码：020903）

项目编码	项目名称	项目特征	计量单位	工程量计算规则	定额指引
020903001	木（混凝土）架构件油漆	1. 檐柱径 2. 基层处理方法 3. 地仗（腻子）做法 4. 油漆品种、刷漆遍数	m²	柱、梁、架、枋等古式木构件按构架图示露明部位的展开面积计算；斗拱、牌科、云头、戗角出檐及橡子等零星木构件，按古式构件定额人工（合计）×1.2 计算，其余不变。零星构件工程量按展开面积计算	F1-5-4、F1-5-8、F1-5-12、F1-5-13、F1-5-20、F1-5-25、F1-5-30、F1-5-34、F1-5-38、F1-5-42、F1-5-46、F1-5-49~F1-5-54

J.5 门窗扇油漆（编码：020905）

项目编码	项目名称	项目特征	计量单位	工程量计算规则	定额指引
020905001	木门窗油漆	1. 门窗类型 2. 基层处理方法 3. 地仗（腻子）做法 4. 油漆品种、刷漆遍数	m²	以平方米计量，按设计图示洞口尺寸以单面面积计算，无洞口尺寸以框扇外围面积计算，门枢等扇外延伸部分不计算面积，套用木门窗油漆的其他子目采用相应的子目乘以系数，详见消耗量定额系数表	F1-5-1、F1-5-5、F1-5-9、F1-5-14、F1-5-16、F1-5-17、F1-5-21、F1-5-22、F1-5-26、F1-5-27、F1-5-31、F1-5-35、F1-5-39、F1-5-43
020905005	大门、街门、木板墙贴金（铜）箔	1. 门钉、门拔规格 2. 饰金品种及要求 3. 罩光油品种	m²	按设计图示尺寸以饰金部分展开面积计算	F1-5-133~F1-5-135

项目编码	项目名称	项目特征	计量单位	工程量计算规则	定额指引
WB020905007	大门、街门、迎风板、走马板、木板墙地仗	1. 构件类型 2. 基层处理方法 3. 糊布品种 4. 披灰材料品种、遍数 5. 油漆品种、刷漆遍数	m²	1. 街门、迎风板、走马板、木板墙地仗按构件图示的展开面积，以平方米计算； 2. 大门按双面垂直投影面积，以平方米计算	F1-5-66～F1-5-71

J.6 木装修油漆（编码：020906）

项目编码	项目名称	项目特征	计量单位	工程量计算规则	定额指引
020906002	木楼（地）板油漆	1. 构件类型 2. 基层处理方法 3. 地仗（腻子）做法 4. 油漆品种、刷漆遍数	m²	按设计图示水平投影面积计算，套用木楼（地）板油漆的其他子目采用相应的子目乘以系数，详见消耗量定额系数表	F1-5-47
020906010	木扶手油漆	1. 构件类型 2. 基层处理方法 3. 地仗（腻子）做法 4. 油漆品种、刷漆遍数	m	以米计量，按设计图示数量以延长米计算。套用木扶手油漆的其他子目采用相应的子目乘以系数，详见消耗量定额系数表	F1-5-2、F1-5-6、F1-5-10、F1-5-15、F1-5-18、F1-5-23、F1-5-28、F1-5-32、F1-5-36、F1-5-40、F1-5-44
020906012	匾及匾字	1. 匾额规格、式样 2. 题字做法 3. 基层处理方法 4. 地仗种类及遍数 5. 边框油漆品种、刷漆遍数 6. 匾心油漆品种、刷漆遍数	m²	以平方米计量，按设计图示尺寸垂直投影面积以平方米计算	F1-5-136～F1-5-148
020906014	其他木材面油漆	1. 基层处理方法 2. 地仗（腻子）做法 3. 油漆品种、刷漆遍数	m²	按设计图示尺寸以油漆部分展开面积计算。套用其他木材面油漆的其他子目采用相应的子目乘以系数，详见消耗量定额系数表	F1-5-3、F1-5-7、F1-5-11、F1-5-19、F1-5-24、F1-5-29、F1-5-33、F1-5-37、F1-5-41、F1-5-45

项目编码	项目名称	项目特征	计量单位	工程量计算规则	定额指引
WB020906016	木质面仿面砖油漆	1. 基层处理方法 2. 地仗（腻子）做法 3. 油漆品种、刷漆遍数	m²	按设计图示尺寸以油漆部分展开面积计算	F1-5-48
WB020906017	油漆水泥仿琉璃瓦顶	1. 基层处理方法 2. 地仗（腻子）做法 3. 油漆品种、刷漆遍数	m²	按设计图示尺寸以油漆部分展开面积计算	F1-5-55

J.9 上下架构件彩画（编码：020909）

项目编码	项目名称	项目特征	计量单位	工程量计算规则	定额指引
020909004	柱、梁、枋、桁、戗、板、天花苏式彩画	1. 构件类型 2. 基层处理方法 3. 地仗种类及遍数 4. 彩画种类及做法 5. 饰金品种及要求 6. 罩光油品种	m²	1. 构件地仗彩画均按构件图示的展开面积（彩面不扣除白活所占面积），以平方米计算。 2. 天花板地仗彩画同木作相应平顶的工程量。 3. 木门按双面垂直投影面积，以平方米计算	F1-5-72~F1-5-107
020909005	柱、梁、枋、桁、戗、板、天花新式彩画	1. 构件类型 2. 基层处理方法 3. 地仗种类及遍数 4. 彩画种类及做法 5. 饰金品种及要求 6. 罩光油品种	m²	1. 构件地仗彩画均按构件图示的展开面积（彩面不扣除白活所占面积），以平方米计算。 2. 天花板地仗彩画同木作相应平顶的工程量。 3. 木门按双面垂直投影面积，以平方米计算	F1-5-108~F1-5-132
WB020909007	柱、梁、枋、桁地仗	1. 构件类型 2. 基层处理方法 3. 糊布品种 4. 披灰材料品种、遍数 5. 油漆品种、刷漆遍数	m²	1. 构件地仗均按构件图示的展开面积，以平方米计算。 2. 天花板地仗同木作相应平顶的工程量。 3. 木门按双面垂直投影面积，以平方米计算	F1-5-56~F1-5-65

附录 K 措施项目

K.2 砼模板及支架（编码：021002）

项目编码	项目名称	项目特征	计量单位	工程量计算规则	定额指引
021002001	现浇混凝土矩形柱	柱子断面尺寸	m²	按混凝土与模板的接触面积计算	F2-2-3
021002002	现浇混凝土圆形柱（多边形）	柱子直径	m²	按混凝土与模板的接触面积计算	F2-2-6
021002003	现浇混凝土异形柱	柱子断面周长	m²	按混凝土与模板的接触面积计算	F2-2-9
021002008	现浇混凝土矩形梁	1. 断面尺寸 2. 支模高度	m²	按混凝土与模板的接触面积计算	F2-2-16
021002009	现浇混凝土圆形梁	1. 断面尺寸 2. 支模高度	m²	按混凝土与模板的接触面积计算	F2-2-19
021002010	现浇混凝土异形梁	1. 断面尺寸 2. 支模高度	m²	按混凝土与模板的接触面积计算	F2-2-22
021002011	现浇混凝土拱形梁、弧形梁	1. 断面尺寸 2. 支模高度	m²	按混凝土与模板的接触面积计算	F2-2-25～F2-2-26
021002014	现浇混凝土老、仔角梁（老、嫩戗、龙背、大刀木）	1. 断面尺寸 2. 支模高度	m²	按混凝土与模板的接触面积计算	F2-2-29
021002015	预留部分浇捣	预留部位截面尺寸	m²	按混凝土与模板的接触面积计算	F2-2-13
021002016	现浇混凝土矩形桁条、梓桁（搁栅、帮脊木、扶脊木）	1. 断面尺寸 2. 支模高度	m²	按混凝土与模板的接触面积计算	F2-2-34
021002017	现浇混凝土圆形桁条、梓桁（搁栅、帮脊木、扶脊木）	1. 断面尺寸 2. 支模高度	m²	按混凝土与模板的接触面积计算	F2-2-39

项目编码	项目名称	项目特征	计量单位	工程量计算规则	定额指引
021002018	现浇混凝土枋子	1. 断面尺寸 2. 支模高度	m²	按混凝土与模板的接触面积计算	F2-2-42
021002019	现浇混凝土连机	1. 断面尺寸 2. 支模高度	m²	按混凝土与模板的接触面积计算	F2-2-42
021002022	现浇混凝土带橼屋面板	1. 板厚度 2. 板底平均支模高度	m²	按混凝土与模板的接触面积计算	F2-2-45
021002023	现浇混凝土戗翼板	1. 板厚度 2. 板底平均支模高度	m²	按混凝土与模板的接触面积计算	F2-2-48
021002024	现浇混凝土无橼层面板	1. 板厚度 2. 板底平均支模高度	m²	按混凝土与模板的接触面积计算	F2-2-53
021002028	现浇混凝土斗拱	1. 斗拱种类 2. 斗口尺寸 3. 斗拱顶支模高度 4. 其他	m³	按混凝土设计尺寸以"体积"计算	F2-2-63
021002030	现浇混凝土古式栏板	1. 望柱中心间距 2. 扶手顶端高度 3. 栏板式样 4. 其他	m	按设计图示长度以"延长米"计算,斜长部分按水平投影长度乘系数1.18计算	F2-2-55
021002031	现浇混凝土古式栏杆	1. 望柱中心间距 2. 扶手顶端高度 3. 栏杆式样 4. 其他	m	按设计图示长度以"延长米"计算,斜长部分按水平投影长度乘系数1.18计算	F2-2-57
021002032	现浇混凝土鹅颈靠背（吴王靠）	1. 构件类型 2. 构件式样 3. 靠背高度 4. 其他	m	按设计图示长度以"延长米"计算	F2-2-59 F2-2-61
021002033	现浇混凝土古式零件	1. 构件名称 2. 构件式样 3. 构件支模高度 4. 其他	m³	按混凝土设计尺寸以"体积"计算	F2-2-65
021002034	现浇混凝土其他零星件	1. 构件名称 2. 构件式样 3. 构件支模高度 4. 其他	m³	按混凝土设计尺寸以"体积"计算	F2-2-67

项目编码	项目名称	项目特征	计量单位	工程量计算规则	定额指引
021002035	券石、券脸及拱券（圈）石胎架	1. 券石、券脸及拱券（圈）净跨度	m²	按拱卷石底面的弧形展开面积以"平方米"计算	F2-2-68～F2-2-71
		2. 支模高度			
WB021002036	构造柱	柱子断面尺寸	m²	按混凝土与模板的接触面积计算	F2-2-11

附录 M 徽派做法

M.1 木构架柱（编码：WB021201）

项目编码	项目名称	项目特征		计量单位	工程量计算规则	定额指引
WB021201001	梭柱	1. 构件名称、类别 2. 断面形状、规格 3. 木材品种 4. 制作工艺		m³	按设计图示尺寸以"立方米"计算	F2-1-1～F2-1-4
WB021201002	圆形直柱	1. 构件名称、类别 2. 断面形状、规格 3. 木材品种 4. 制作工艺		m³	按设计图示尺寸以"立方米"计算	F2-1-5～F2-1-10
WB021201003	童柱	1. 构件名称、类别 2. 断面形状、规格 3. 木材品种 4. 制作工艺		m³	按设计图示尺寸以"立方米"计算	F2-1-15～F2-1-22
WB021201004	梭柱、圆柱安装	1. 构件名称、类别 2. 断面形状、规格		m³	按设计图示尺寸以"立方米"计算	

M.2 木构架 梁、枋、替木及椽椀（编码：WB021202）

项目编码	项目名称	项目特征		计量单位	工程量计算规则	定额指引
WB021202001	月梁（冬瓜梁）	1. 构件名称、类别 2. 断面形状、规格 3. 木材品种 4. 制作工艺		m³	按设计图示尺寸以"立方米"计算	F2-1-23～F2-1-30
WB021202002	承椽枋	1. 构件名称、类别 2. 断面形状、规格 3. 木材品种 4. 制作工艺		m³	按设计图示尺寸以"立方米"计算	F2-1-31～F2-1-36

项目编码	项目名称	项目特征	计量单位	工程量计算规则	定额指引
WB021202003	橡椀	1. 构件名称、类别 2. 断面形状、规格 3. 木材品种 4. 制作工艺	m³	按设计图示尺寸以"立方米"计算	F2-1-37～F2-1-39
WB021202004	替木	1. 构件名称、类别 2. 断面形状、规格 3. 木材品种 4. 制作工艺	m³	按设计图示尺寸以"立方米"计算	F2-1-40～F2-1-47

M.3 木构架铺作（编码：WB021203）

项目编码	项目名称	项目特征	计量单位	工程量计算规则	定额指引
WB021203001	插拱	1. 构件名称、类别 2. 斗拱规格 3. 木材品种 4. 制作工艺 5. 其他	件	以"件"计算	F2-1-48～F2-1-51
WB021203002	铺作	1. 构件名称、类别 2. 斗拱规格 3. 木材品种 4. 制作工艺 5. 其他	座	以"座"计算	F2-1-52～F2-1-60

M.4 木装修门（编码：WB021204）

项目编码	项目名称	项目特征	计量单位	工程量计算规则	定额指引
WB021204001	串带门	1. 门类型、样式 2. 框边挺截面规格、板厚度 3. 木材品种 4. 制作工艺 5. 其他	m²	门扇制作按门扇面积计算，框制作按外框以"延长米"计算，门安装按外框洞口面积计算	F2-1-61～F2-1-62

M.5　木装修 博风板、木楼板、木楼梯（编码：WB021205）

项目编码	项目名称	项目特征	计量单位	工程量计算规则	定额指引
WB021205001	博风板	1. 板宽厚度 2. 博风样式 3. 木材品种 4. 制作工艺 5. 其他	m²	以"平方米"计算	F2-1-63～F2-1-65
WB021205002	木楼板	1. 板厚度 2. 木材品种 3. 制作工艺 4. 其他	m²	按实铺面积以"平方米"计算	F2-1-66～F2-1-68
WB021205003	木楼梯	1. 板厚度 2. 木材品种 3. 制作工艺 4. 其他	m²	按水平投影面积以"平方米"计算，不扣除宽度20cm以内楼梯井所占面积	F2-1-69

M.6　木装修五金、铁件（编码：WB021206）

项目编码	项目名称	项目特征	计量单位	工程量计算规则	定额指引
WB021206001	门环、门闩等	1. 构件名称、类别 2. 安装部位 3. 防护要求	只/个/付	按图示数量以"只"、"个"或"付"计算	F2-1-70～F2-1-77

M.7　徽派马头墙项（编码：WB021207）

项目编码	项目名称	项目特征	计量单位	工程量计算规则	定额指引
WB021207001	徽派马头墙顶（脊头）	1. 脊头类型 2. 墙体厚度 3. 脊头材料种类 4. 脊头规格	座	按设计图示数量以"个数"计算	F2-3-1～F2-1-F2-3-3
WB021207002	徽派马头墙垣（垣做脊画墨）	1. 出挑道数 2. 出桃砖种类 3. 画墨风格 4. 其他	m	按设计尺寸以"延长米"计算	F2-3-4～F2-1-F2-3-5